励志 蝶变篇

读书是为了拥有更多的选择

读者杂志社 编

读者出版社

图书在版编目（CIP）数据

读书，是为了拥有更多的选择 / 读者杂志社编.
兰州 ：读者出版社，2025. 2（2025. 6重印）. -- ISBN 978-7
-5527-0852-3

Ⅰ. B848. 4-49

中国国家版本馆CIP数据核字第20247X5N47号

读书，是为了拥有更多的选择

读者杂志社　编

总 策 划	宁　恢　王先孟
策划编辑	王书哲　赵元元
责任编辑	张　远
助理编辑	李鹏蓉
封面设计	董咚咚
版式设计	甘肃·印迹

出版发行　读者出版社
地　　址　兰州市城关区读者大道568号（730030）
邮　　箱　readerpress@163.com
电　　话　0931-2131529（编辑部）　0931-2131507（发行部）

印　　刷　天津鸿彬印刷有限公司
规　　格　开本 710 毫米×1000 毫米　1/16
　　　　　印张 13　字数 166 千
版　　次　2025 年 2 月第 1 版
　　　　　2025 年 6 月第 2 次印刷
书　　号　ISBN 978-7-5527-0852-3
定　　价　59. 00元

目 录

孩子你究竟
在为谁读书？

读书，是为了将来能有更多的选择

韩晓薇

你如果不抽出时间来创造你想要的生活，你最终一定会花费大量的时间，来应付自己不想要的生活。

阳光温暖的午后，慵懒而惬意，犹如给地面铺上了一层薄薄的金纱。校园操场上嬉戏打闹的孩子们，肆意挥洒着汗水，还时不时传出爽朗的笑声。东东挎着背包趴在围栏外，一动不动，那羡慕的眼光，无不透露着"我想上学"的渴望。

一

人年少时，总抱怨读书太苦，却不知与现实社会比起来，读书反倒是最轻松的一件事。

东东是堂哥的儿子，也是家中的独生子。堂哥虽然文化程度不高，但一直有个大学梦，为了弥补这个缺憾，他把希望都寄托在了儿子身上，制订学习计划，进行一系列的高压训练。

起初，东东还算听话，学业上从未让父母失望过。他积极上进，不仅是老师眼里的好学生，还是外人口中"别人家的孩子"。每次看到同学们肆意玩耍的时候，他也会羡慕，但一想起父母殷切的期盼，他便将这份羡慕藏在心底，将自己的精力投入学习中。

可贪玩毕竟是孩子们的天性，压抑得越久，他就越累。于是，在这些念头下，心里的愤怒正在累积。

慢慢地，他不再为优异的成绩而骄傲，也不再为同学羡慕的眼光而自豪。老师和家人的赞美声，他也逐渐厌烦，觉得那是困住自己的牢笼，挣不脱，也逃不掉。

"凭什么别的同学可以尽情去玩，我却不能？"当在日记本上写下这些字的时候，他内心积压的不满和委屈顷刻间释放了出来。与此同时，他也意识到，这么多年，自己一直活在父母的期待中，很少遵从内心的想法。

受这种情绪影响，东东的逆反心理越来越重，他开始不学习、不写作业，逐渐养成了逃课的习惯。这样的特立独行，让他的成绩一落千丈，也让他光荣地成为老师同学眼中的"坏学生"。

优秀的儿子彻底变了样，堂哥气不打一处来。顷刻间，矛盾激化，而东东也将自己的所作所为，归咎于父母的"高压手段"。

他大声喊道："为什么？为什么我要按照你们的安排去完成你们的梦想？为什么我不能像其他同学一样，有自己的人生轨迹？"

那一刻，堂哥呆愣在原地，心中那种滋味，就像搅拌机不停地在肚子里翻腾，疼痛难忍。他张着嘴，想说些什么，却始终没有发出声。此时此刻，东东根本听不进去任何话，他转过身，摔门而去。

深夜的街头寂静而落寞，但他却兴奋不已，内心有一种解脱感。他有了逃离的想法。尤其是期末考试那惨不忍睹的成绩，让他更加对外面的世界充满期待，幻想着有钱又有闲的日子。

堂哥虽然渴望儿子成才，却不愿意儿子就此荒废下去，几番权衡，便做了一个冒险的决定。

一天夜里，他把东东叫到跟前，平静地说道："如果你实在不想上学，那就不上吧，今天晚上你好好想想，决定好了我去给你办休学手续。"

听到这话，东东惊诧不已，他不敢相信一向固执的父亲，竟然愿意倾听他的想法，支持他的决定。于是，他试探地问了句："真的？"

堂哥告诉他："我们要求你好好学习，是希望将来你能有更多的选择，没想到却给你这么大的压力。如果你觉得痛苦，我和妈妈决定尊重你的想法，给你一年时间，让你自由闯荡。"

或许还是太年轻，东东选择离开学校，去社会上打拼。那一年，他高二。

二

刚从学校出来的时候，他兴奋不已，觉得挣脱了牢笼，终于可以无拘无束，可以自己赚钱自己花了。可刚出校门，要学历没学历，要能力没能力，即使打工赚钱，他也只能干些没有技术含量的活。

他找的第一份工作是送外卖，要知道送外卖可是体力活，每天起早贪黑，不管日晒雨淋，都要随时待命。有时候，累了一整天，他甚至连吃口饭的时间都没有。可就算这样"跑断腿"，一天下来也赚不了多少钱。于是，勉强坚持一个月，他就忍受不了奔波的苦，选择了放弃。

然而，骨子里的那股傲气，让他不愿向父母低头，更不想因此被嘲笑。为了所谓的面子，东东决定去外地闯一闯。

凭借着年轻，他很快找到了一份流水线上的工作。偌大的工作间，那些大叔、大妈、大哥、大姐齐聚一堂，每天做着简单又重复的工作。一开始他还怀揣着"初生牛犊不怕虎"的激情，认为只要自己够努力，定能闯出个名堂。可没干几天，他就彻底崩溃了。

每天一早起床，一直工作到晚上十二点才能睡觉，即使上厕所也会有人盯着，根本没有偷懒的机会。就这样，机器面前的方寸之地，成了他生活的全部。长时间缺乏睡眠，他做事总是力不从心，精神也逐渐崩溃。

我记得再见到他的时候，他瘦得像一根竹竿，脸上布满了不符合年龄的无助和疲惫。

"外面的世界，远比想象中的残酷。还是读书好呀，如果可以重新来过，我一定会好好学习。"他眼神中透露着渴望，静静地望向操场上奔跑的孩子们。

"我以为，逃出父母的掌控，摆脱没完没了的补习班，就是充满自由的诗和远方，直到经过社会的拷打，才突然发现，父母的督促、老师的课堂反倒是生命中最美好的事情。"

生活的历练让东东彻底醒悟，他主动和父母沟通，表明了返回学校好好学习的决心，希望父母能够给予帮助。

虽然堂哥同意了他的请求，但想回学校却并不容易。在老师们眼中，东东是不好好读书才辍学的学生，再加上有逃课、不完成作业的习惯，所以，没有一个班愿意收他。

见此情形，东东内心充满了不安，但为了能够重返校园，他斩钉截铁地说道："只要能回到课堂，我一定加倍努力，希望老师们能给我一次机会，让我证明自己。"话音刚落，办公室里就陷入了一片寂静，看着沉默的老师们，东东顿时手足无措，害怕再次失去上学的机会。

庆幸的是，终于有位老师点了头。那一刻，东东高兴坏了，去了之后，才知道这个班是全年级最差的班。虽说如此，但对于东东来说，却是改写命运的机会。

为了自己的将来，也为了人生拥有更多选择的机会，他像打了鸡血一样，一刻都不停歇地学习。别人睡觉的时候，他就看书刷题；别人洗漱的时候，他就趁着间隙背课文、背单词。面对繁重的学业，这一次就算再苦再累，他也不愿放弃。

功夫不负苦心人，终于他通过努力，如愿考上了心仪的大学。

有句话说得好："我们努力读书，不是与人比成绩，也不是与人比才华，而是为了将来在人生的岔路口，能有更多选择的权利。"人生从来没有白走的路，每一步都算数。今天偷懒，明天就要在风雨中疲惫前行；今天努力，明天才能站在高处，看见远方的风景。

请永远记得，一时的安逸虽然好过，但未来的苦却让你寸步难行。很多时候，你觉得读书苦、读书无用，那是因为没有受过社会的洗礼，当你四处碰壁，生活充满煎熬时，你就会发现，读书不是苦，而是甜。

所以，在该读书的年纪，好好读书吧。你如果不抽出时间来创造你想要的生活，你最终一定会花费大量的时间，来应付自己不想要的生活。

妈妈只是希望你有一个更美的明天

白枫麟

我的孩子，请原谅妈妈平庸，却对你寄予厚望。妈妈只是想让你以后过得更好，人生能有更多的选择，自由生活，而不是被迫谋生，希望你能把自己的人生过得风生水起，既有烟火，也有诗和远方。

别人家的孩子，"叛逆"的火花大多在初中便已点燃，而我的"叛逆"，却如同深秋的寒霜，在高中这个本应是青春最灿烂的时刻悄然降临。尤其是高三那一年，伴随着学习动力的不足以及对考试的焦虑，我与母亲的关系，势同水火，矛盾一触即发。

一模考试，我的英语成绩较往常下滑了15分，勉强过了100分（满分150分）。老师的眼神中透露着失望与无奈，但没有过多苛责，只淡淡留下一句"如果想考上本科，英语得加把劲儿了"。

母亲得知成绩后，把我结结实实训了一顿。我心里很不服气，一次考试失利而已，至于反应这么大吗？

她提议找英语专业的表哥帮我补习，但考虑到人家正在考研，也很忙，我断然拒绝了这个想法。我向她保证，下次英语一定能考好。虽然嘴上这样说，但是行动上，我依旧执着地刷理科卷子，那些英语习题册，我连一眼都不想看。

母亲发现后，决定采取行动。

她将英语高频 3500 个单词打印出来，像壁纸一样贴得家里到处都是，连卫生间镜子旁的寸土之地都未能幸免。目光所及之处，皆是密密麻麻的单词。每天清晨，英语听力如闹钟般准时响起，她让我一边吃饭，一边"磨耳朵"。

试问，谁能听着这种冰冷、单调的机械音，还吃得下饭？

我快被母亲的"良苦用心"逼疯了，那段时间，我和母亲的关系剑拔弩张，空气里弥漫着一股子火药味。

后来月考成绩出来了，英语成绩依旧不理想，我的分数仿佛受到了诅咒，就在 100 分上下。

母亲看着试卷上的红叉，眼神冰冷，难听的话，一句跟着一句从她嘴里蹦出来。

从上高中开始，我们之间的对话，总是围绕着考试、成绩和排名。这些沉重的话题，压得我喘不过气来。每一次的争执，都像是在彼此的心上划下一道新的伤痕，难以愈合。

而我，却将这次考试失利，归咎于母亲的紧逼。

"够了！你到底想要我怎么样？"

"你张罗这一切，考虑过我的感受吗？"

"别以为我不知道，你拼命想让我考上大学，表面说是为我好，实则不过是为了满足自己的虚荣心，为了弥补你当年未能圆的大学梦！"

顷刻间，我将内心积压许久的委屈和不满悉数抛出，我的话像一把锋利的匕首，刺破了我们之间本就脆弱的关系。

母亲呆愣在原地，脸上的表情交织着惊愕、痛苦与无奈。她的眼中盈满了泪水，她张了张嘴，似乎想要说些什么。

那些关于学习的大道理，我一个字都不想听。我拎起外套，推开门，逃离了这个令人窒息的家。

走在街头，冷风拂面，眼泪无声无息地流了下来，我感受到了前所未有的空虚和迷茫。

我意识到自己在学习上的挫败感，正化作一把把利刃，无情地刺向我的亲人。我开始反思，这样的结果，真的是我想要的吗？

就在这时，我想起了一部教育题材的励志电影，讲述了一个男生如何从学渣逆袭成为学霸，最终成为宇航员的故事。

我和他一样，被妈妈打压式教育，在学业上如同迷途羔羊。唯一不同的是，他在父爱的光芒下，找到了奋斗的方向，最终实现了心中理想。

我开始思考，或许我也需要这样一束光，来照亮前行的道路。

于是，我回到家里，主动找母亲深谈了一次。她的第一反应是错愕，因为我很固执，一直拒绝与她交流。这次，我决定放下所有的防备和攻击，用一颗真诚的心去倾听她的想法和感受。

母亲告诉我，她从未想过要把我当作炫耀的资本，她只是希望我能够健康快乐地成长，能够有一个光明的未来。那些看似苛刻的要求和严格的管束，其实都是因为她深深地爱着我，不想让我因为几分之差与大学失之交臂。

"我知道这段时间你压力很大，也很辛苦。我的孩子，请原谅妈妈平庸，却对你寄予厚望。妈妈只是想让你以后过得更好，人生有更多的选择，自由生活，而不是被迫谋生，希望你能把自己的人生过得风生水起，既有烟火，也有诗和远方。请记住一句话，任何时候，妈妈都会站在你这边，支持你，鼓励你。"

母亲的话，如同一阵温暖的春风，吹散了我心中的阴霾，让我感受到了前所未有的温暖和力量。

我开始尝试着调整自己的心态，不再把学习当作一种负担，而是把它看作一种成长的过程，一种实现自我价值的途径。

慢慢地，我发现英语没有想象中那么难学，只要掌握了一定的学习技巧，提升成绩指日可待。

在这个过程中，我也逐渐明白了一个道理：真正的叛逆，并不是对父母的反抗和逃离，而是对自我价值的重塑和追求。只有当我们真正理解了父母的苦心，才能找到属于自己的道路，活出真正的自我。

正如罗曼·罗兰所言："世界上只有一种真正的英雄主义，就是在认清生活的真相之后依然热爱生活。"我开始学会在生活的风雨中舞蹈，用乐观和坚韧去迎接每一个挑战。而这一切的改变，都源自我对母亲的理解和感激，以及那份深藏心底的爱。

如今，我已经考上了心仪的大学，站在了人生的又一个起点上。回望过去，那些曾经的叛逆和挣扎，都化作了成长的印记，让我更加珍惜眼前的幸福和美好。而我知道，未来无论我走到哪里，都会带着母亲的爱和期望，勇往直前，不负韶华。

我从未让父母感到骄傲

张伟超

> 叔叔们讨论儿女考的好大学、高分数，我的爸爸在一旁沉默不语，我想了想好像从未做一件让爸妈骄傲的事。

宴会厅中，灯光璀璨，人声鼎沸。宾客们分享着孩子们的未来规划与美好梦想，脸上大多带有欣慰的笑容。然而，在这热闹的场景中，我的父母却待在人群的边缘，他们的身影在斑驳的光影下显得格外落寞，仿佛不被这个世界所容。

看到邻居的孩子考上名牌大学，他们的眼神中透露出对我深深的期许，同时还夹杂着一丝不易察觉的失落。叔叔们讨论儿女考的好大学、高分数，我的爸爸在一旁沉默不语，我想了想好像从未做一件让爸妈骄傲的事。此刻我心中又何尝未泛起一阵心酸？但在这心酸之余，一股莫名的怒火却悄然涌上心头："他们凭什么支配我的人生？我为什么非要好好学习不可？难道我就不能过自己想要的生活吗？"

这股莫名的怒火时常燃烧着我，使我故意与他们针锋相对，他们想要我好好学习，我偏要看漫画、玩游戏。但有时候，我也能意识到，我并不是在和父母较劲，只是比起学习来，显然是"堕落"地看那些漫画与玩游戏，对我更具吸引力。

但我并不愿承认自己的"堕落"，我将自己的"堕落"归咎于他们，认为他们从未真正关心过我的想法和需求。他们总是向我灌输学习的重要性，灌输只有好好学习，才能得到自己想要的未来。但是，这对我来说，更像是一种强加的意志，一种以爱为名的束缚。

因此，我与父母的对抗一直持续着。

一

在我家不远处，有一个被篱笆温柔环绕的院子，树荫斑驳下，总能看到那把椅子静静地守候在那里。虽然我与父母时常对抗，但父母那落寞的目光，依旧会刺痛我，让我心生愧疚。这时，我便会不由自主地走向这个院子——那里，总有奶奶的身影静静等待着。

奶奶给我的爱是自由的，她从不评判我的言行，只是无私地包容着我。当我向奶奶诉说着内心的委屈，抱怨着父母对我的束缚时，奶奶只是缓缓地摸着我的头："别怪你爸妈，他们也不容易。"

反驳的话语还没说出口，奶奶便握住我手，诉说起了过往。原来，我那如今称得上知识分子的父母，曾经也有过难以言说的苦痛。他们在同一个村子长大，这村子虽并不偏远，但从农村走到镇子里，再走到城市中，他们却用了半生的时间。我无法想象他们要经历什么，又要忍受什么，或要放弃什么，但我相信，那其中的苦楚，是我所无法承受的。奶奶给我倒了一杯茶，落寞地告诉我："你爸当时想要学书法，但那时候家里穷，最终也没去成。"

我突然明白，父亲为何总要逼着我去学书法，总是抱怨写字难看的他，或许只是不想让我重蹈覆辙。那些我所嫌弃的、厌恶的，被我当作束缚的事情，或许正是父母曾经所期望的、渴求的，但最终求而不得的。

午后小院吹起了微风，那微风拂过我的脸庞，我才觉眼帘有丝丝凉意，原来泪水早已悄然渗出。我很想和奶奶说些什么，奶奶却闭上眼，双手交叉放在腹部，身体后仰着说道："孩子，我相信你以后肯定有出息，只是那时候，奶奶我怕是看不到喽。"泪水终于挣脱由愤懑构成的堤坝，我扑向奶奶，第一次感受到对离别的害怕。

二

　　莫泊桑以他犀利的笔触，镌刻出："我们几乎是在不知不觉中爱自己的父母，因为这种爱像人活着一样自然，只有到了最后分别的时刻，才能看到这种感情的根扎得多深。"我终于明白，父母对我学业的督促，并非是束缚，而是出于对我未来的担忧，不得不进行的呵护与指引，这也正是他们爱意的表现。我庆幸自己在奶奶的爱意下，及时觉悟到这一点。深埋于我愤怒面庞下的，又何尝不是对父母的爱呢？若不是爱，我又怎会不忍看到父母的落寞，又怎会因误解父母的爱而难过，故意使用对抗的方式，让父母关注到自己内心真正的需求呢？又怎会在感受到父母的良苦用心后，便陷入自责之中呢？

　　于是，当我辞别奶奶的小院时，我便告诉自己，要让奶奶为我感到骄傲，要让父母的一片苦心不被辜负。我将用我的努力让奶奶、父母与那些爱我的人，不在这人间留下一丝的遗憾。

　　之前我低估了自己的意志力，也高估了学习的困难，当我打定主意要让他们骄傲时，一切的一切，仿佛都顺理成章地实现了。我很快便成为班级的前几名，又很快在年级名列前茅，最终我成功地考入了理想的大学。

　　但父母在我的升学宴上，并没有表现出十足的欢喜，这让我心中难免有些失落。我开始担忧，是不是自己考得还不够好？父母是否对我有着更高的期望？

　　这时，我与父母的关系已大为改善，因此我直截了当地表达了疑惑。父母的身体猛地僵硬了起来，眼神中流露出一股陌生的悲伤与愧疚。他们抱住我，说道："孩子，你做得已经够好了，我们都为你骄傲。"

　　母亲的泪水率先洒落在地面，她哽咽道："我们舍不得你去外地上学。"

　　泪水滴落在我的身上，那所谓的束缚荡然无存；泪水滴落在我的脸庞，我终于明白，父母从不需要我让他们骄傲，曾经的他们只是在拼命补救那个破碎的我。

普通人家的孩子，
靠什么改变命运

雅玥凝馨

我生来平平淡淡，没有显赫的家世，没有出色的容貌，惊艳不了青春，斑驳不了岁月。可我依然想要温暖时光，饱读诗书，努力弥补我的平凡出身，在往后的日子绚烂绽放。

每一个光鲜亮丽的人生背后，都有一段不为人知的往事。我的心事，像一根埋藏在心底的刺，害怕被人连根拔起。同学之间讨论谁买了新手机，谁又吃了哪家西餐，我从不参与，一个人静静地躲在角落里，用假装学习来掩饰我平凡的出身。我多想像他们一样，也能过上"买买买"的生活啊。

一

晚上放学回家，母亲将一碗热气腾腾的馄饨端到我面前，柔声说道："妈包了你最爱吃的香菇馅馄饨，刚出锅的，快尝尝。"

以往，我都会一边吃着香喷喷的馄饨，一边张开手臂给母亲一个大大的拥抱，撒娇似的对母亲说一声"妈真好"，而此刻，看着眼前的馄饨，又想起今天无意间听见同学提到的披萨，我顿时没了胃口。本想强吃一个应付一下，却味同嚼蜡难以下咽，似乎连馄饨都在讽刺我连一顿披萨都吃不起。我再也没了胃口，直接将馄饨推开了。

母亲看我表情痛苦，关切地问："怎么了？是妈今天做得不好吃吗？看你都没怎么吃，心情不好吗？在学校遇到什么事了吗？"

"烦死了，真是太唠叨了。"母亲的问题简直让我头痛欲裂。她只知道问我，就不能问问自己究竟给了我什么。我终于忍不住，冲她吼道："你每天都给我吃这个，我同学又吃披萨又吃意大利面的，谁没事总吃馄饨。"

母亲愣在原地，神情中充满失望与痛苦。她没说一句话，默默地从兜里掏出来 100 元钱想要递给我，犹豫了一下，又从兜里掏出来 100 元，并对我说："妈正好明天晚上加班，没空给你做饭。这 200 元留给你明天去吃披萨吧。"

我眼神一亮，直接将母亲递过来的 200 元揣进了口袋里，留下一句"谢谢妈"就回房间了。

第二天晚上，我拿着这 200 元，请了两个要好的同学去披萨店美美地饱餐了一顿，同学都夸我大方，这感觉可真好啊！

我心情大好，一路上哼着小曲蹦蹦跶跶地回了家。打开房门，屋内隐约传来母亲向电话那头催要着每天 50 元的工资，声音略带哽咽。看到我回来，她连忙收起悲伤的情绪说道："晚上去吃披萨了吗？好吃的话，过几天可以再去换换口味。"

我愣住了。原来，我的一顿披萨，花掉的不仅仅是 200 元钱，更是母亲日夜工作的辛劳与汗水。我有些动容，奈何虚荣心战胜了理智，我强制压下了想要通过读书改变命运的想法。

二

班里来了一名新同学，据说是从偏远山区转学到我们班的，名叫小花。

俗气的名字和普通的穿着，同学们看她的眼神中都透着鄙视，私底下还经常调侃着"小花小花，不就是笑话吗"，随即引来一阵哄堂大笑。小花对此并不在意，依旧一个人拼命地复习功课，做着试卷。

小花转来没多久，便迎来了第一次模拟考试。没想到，小花竟考了班里第一名。同学们都在私底下议论着，一个从偏远山区转来的女孩子竟能超过一直稳居班里第一的学霸级人物。虽难以置信，但成绩面前，那些瞧不起小花的同学，却成了真正的笑话。

我的考试成绩很不理想，私底下老师让小花帮我复习功课，我也渐渐和她成了朋友。

我问小花："同学都在私底下嘲笑你，你真的一点都不生气吗？"

小花淡淡一笑，随即说道："生气有什么用呢？我又控制不了他们说什么。我能做的只有努力学习，用实力说话，才能让这些闲言碎语不攻自破。"

小花出生在偏远的贫困山区，在她很小时，父亲便留下她们母女二人，一个人进城务工再也没有回来。这么多年，一直都是母亲一个人打着好几份零工，挣着微薄的薪水供她上学。小花很有上进心，奈何山里条件有限，母亲靠亲戚介绍到这边一个工厂务工，她这才转学到了我们班。

她深知，一个从山里走出来的穷学生想要融入城市的生活一定非常不容易，只是普通人家出生的孩子，如果不能靠努力改变命运，就真的是一无所有了。

小花的眼神清澈得犹如一汪清泉，脸上洋溢着自信的微笑："靠自己的努力去改变命运，是一件多么骄傲且自豪的事啊！当你突破自己时你会发现，那种感觉，真的超级棒。"

回忆过往，小花神情坦然，似乎只是在讲述着一件最为普通的事情。她的神情中没有自卑，相反，那种极力想要改变命运的信念一直伴随着她，也警醒了我。直到那一刻我才恍然大悟："原来，普通人家的孩子想要改变命运，唯有靠自身的不断努力才行。"

三

我约母亲晚上到那家西餐厅见面。母亲进门时气喘吁吁，身上还穿着未曾换掉的工作服，一双略带疲惫的眼睛四下寻找我的身影。我向她挥了挥手，她似乎这才觉察到自己的穿着与餐厅格格不入，略显尴尬地低下头，用手微微遮挡住脸颊，迅速朝我的方向走来，神情不自然地说道："妈接到你的电话还以为出了什么事，连衣服都没来得及换直接赶来了，抱歉啊给你丢人了。"

我眼眶泛红，轻轻地握住母亲的手说："妈，您平时忙于打工挣钱，将心思全都花在了我的身上，自己从不舍得在外面吃上一顿饭。好不容易等您下班了，女儿请您吃顿饭，怎么能说丢人呢！对了，这家店的披萨真挺好吃的，一直都想带您来尝尝。"

餐配齐了，披萨、牛排、意大利面，外加一份小食拼盘。从未吃过西餐的母亲看得眼花缭乱。吃饭前，母亲还是没忍住开口问道："这一顿饭得花不少钱吧……"说罢，便要掏钱给我。

我及时制止了母亲的动作，说道："您就尽管吃饭，其他的事情，都不用您操心。"

我把母亲平时给我的零花钱偷偷存起来，攒了好久才够请母亲吃上一顿西餐。事后，母亲心平气和地与我谈了一次："妈不是舍不得钱让你吃饭，只是希望你能明白，我们只是普通人家，没有什么丢人的。想要改变命运，也只是比其他人多努力一些而已，没什么难的。"

这一次，我没有嫌母亲唠叨。因为她所有的斥责和唠叨，都是对我无尽的爱。

　　我曾经为了满足自己的虚荣心，而忽视了母亲的默默付出。我一直都在刻意回避我是普通人家的孩子，其实就是在逃避那个想要不劳而获和不求上进的自己。

　　我与小花约定二模成绩见分晓。充实的学习生活，让我的生活有了翻天覆地的变化。二模成绩出来后，我虽与小花还是有着 30 分的差距，但我已经跻身班里的第二名。我与小花相视而笑，原来，那份自信与从容，才是最耀眼的光。

　　于是，我在日记中写道："我生来平平淡淡，没有显赫的家世，没有倾城的容貌，惊艳不了青春，斑驳不了岁月。可我依然想要温暖时光，饱读诗书，努力弥补我的平凡出身，在往后的日子绚烂绽放。"

　　面对突如其来的好成绩，我并没有沾沾自喜，这只是我想要改变命运的开始。前路漫漫，人生路还长着呢！如果想要为了改变命运放手一搏，那条路，为什么不能是学习呢？

父母能为你的手机买单，
却不能为你的人生买单

蓝羽

没有人注定平庸，只是有人选择了平庸。

一

叫我阿姨的，是个十五六岁的女孩，扎着利落的高马尾，白皙的小脸上挂着快活的笑容，唇红齿白，目光灵动。因为年轻，即使什么化妆品都不用，依旧让人觉得好看。

反观被女孩叫做阿姨的我，头发盘成老气的发髻，皮肤暗沉粗糙，化着浓妆也遮不住熬夜留下的黑眼圈。单薄的工装挡不住寒意，让我忍不住微微发抖。萎靡而憔悴，怪不得人家喊我一声阿姨。谁又能看出来，我也不过十八岁呢？

就在大半年前，我也如眼前的小姑娘一样生机勃勃。那时候，我每天最大的烦恼，是做不完的卷子、想不出的数学题，以及永远不及格的成绩。我讨厌读书，总会在老师的喋喋不休中昏昏欲睡，或者躲在高高的书堆后面玩手机。有时我也会翘课，去泡网吧打游戏。

对我的"不上进"，父母很恼火。父亲一次次质问我："现在不好好读书，你将来要做什么？"我那时候不想管什么将来，只知道打游戏比做题快活，逃课跑出去比坐在教室里自由。

对于父亲的说教，我心里满是不服气："为什么一定要学习，一定要考大学？这个世界上那么多人没有上过大学，不也活得好好的？"在一次激烈的争吵之后，父亲生气地砸了我的手机。我爆发了："你砸了我的手机，我不读书了！"

这句话让父亲大发雷霆，让母亲擦眼抹泪。但我不为所动，父亲的怒火和母亲的眼泪都改变不了我的决定。僵持到最后，父亲似乎失望了："既然不肯读书，那你就自己养活自己吧！"

于是，我带着简单的行李离开了家。我以为，自己很快就会找到一份满意的工作，向父母证明，即使不读书，我也可以过得很好。

然而，现实是残酷的。因为没有学历，我根本找不到什么好工作，就连个前台，我都应聘不上。最后，我找到了这家商场，应聘成为一名销售员。正式上岗前，是为期两个月的培训，培训期间没有工资，却要承担起商场的各种杂活，每天都要工作 12 小时以上。商场说是给员工提供了食宿福利，但宿舍安排是 30 多人住在一间的大通铺，员工伙食是没有半点油水的水煮蔬菜。我睡在拥挤的大通铺上辗转反侧时，捧着一碗水煮蔬菜食不知味时，培训课上被导师批评时，在商场里重复做着拖地、擦玻璃、搬运货物这些乏味的工作时……我已经隐隐后悔，这不是我想要的生活。如果没有任性退学，我本该享受着柔软的床铺、可口的食物，只要完成学习任务，其他都不用操心。

培训结束后，我被分配到了手机柜台。前一天，我为了布置柜台加班到次日凌晨 2 点，拖着疲倦的身体在梆硬的床上睡了 4 小时，早上 6 点就准时到商场，做营业准备。还没有正式上岗，我已经觉得疲惫不堪。这份单调而繁重的工作，让我看不到未来。

从前，我有父母和老师替我规划的未来——好好读书，考大学。只要我愿意努力，就会有一个不辜负自己的人生。而现在，我的人生似乎只剩下守着这几尺宽的柜台卖手机。

二

争吵声将我的思绪瞬间拉回来。那个要看手机的小姑娘，和她妈妈吵起来了。妈妈不想给女儿买手机，厉声呵斥道："一天天玩手机、打游戏，晚上熬夜，上课打盹，你看看你的成绩！马上要高三了，你这样怎么考大学，有什么未来？"

这几句严厉的话窜进我的耳朵，激得我一时鼻酸，眼眶不由一阵胀痛。我的父母曾经也对我这样大发雷霆，我也如眼前的女孩一样不服气，觉得他们杞人忧天。可经历了这几个月的辛苦生活后，我突然想明白了，他们说得对，普通人家的孩子，不好好读书，真是不容易找到好出路。

那对母女的一番争执，以妈妈的"缴械投降"告终。因为小姑娘和我当初一样，使出了"杀手锏"："你今天不给我买这个手机，我就不上学了！"那位妈妈妥协了，无可奈何去收银台交费。小姑娘则喜滋滋地倚在柜台旁边摆弄着手机。

我看着她心满意足的笑脸，心里五味杂陈，没由来地冒出了一句话："你妈妈说得对，她可以给你的手机买单，却不能替你的未来买单。"小姑娘莫名其妙地看了我一眼，不耐烦地摆摆手："我爸妈说教我，我老师说教我，阿姨你一个卖手机的也来说教我？你们大人是不是都爱瞎操心？"

看着眼前的小姑娘，我似乎看到了几个月前的自己——任性、倔强，不知天高地厚。凭着一股子无知无畏的冲动，放弃读书，亲手关上了那扇通往未来的门。那天下班之后，我给父母打了一个电话，恳切地说道："爸，妈，我后悔了，我好想读书！"

爸爸的声音带着欣慰也带着几分怀疑："你真的想明白了，会努力读书吗？"我答得肯定："我想明白了！可是……"爸爸的声音里多了笑意："那就回家吧！咱们回去读书！"

三

《战国策》中说："父母之爱子，则为之计深远。"父母的爱，永远是春风细雨润无声的。即使我一次又一次让他们失望，他们依旧用自己的办法，替我留了一条退路——在我不管不顾要退学的时候，父亲给我办理的是休学手续，让我在后悔的时候，可以回头。

第二天，我便辞职回家，在父母的陪伴下，办理了复学手续，从高二重新读起。

重返校园的我，如同换了一个人。父母给我买了新手机，但我从来没有下载一个应用软件，也没玩过一次游戏，它只是我与父母之间爱的传话器。那些被我耽误的课程，我正在用全部的努力补回来。有人说，种树最好的时间是十年前，其次就是现在。我不会为了荒废的那段时光哀叹，只想用当下的努力让自己成长。而那些不可追的经历，又何尝不是人生中的另一种财富。

一切刻苦都是有效的，一年半后，我顺利考入了一所双一流高校。

毕业之后，我成为一名老师，也遇到了不少学生像我当年一样，不管不顾地梦想着"少年游"。看着他们青涩的脸庞、肆意的样子，我总会忍不住苦口婆心地说教："老师也曾和你们一样……"我会和他们讲一个手机和一个孩子的故事。

我希望我所遇到的每一个孩子都明白，青春不是用来挥霍的，父母也不是我们永远的避风港。没有人注定平庸，只是有人选择了平庸。

有人说，再不疯就老了。如果一定要疯，那就去疯狂努力，搏一个光明的未来吧！

别说读书苦，
那是我看世界的路

竹一

为什么学习那么累还要努力？因为想去的地方很远，因为少年一身反骨，因为不甘一生平庸。

读书能让人走多远的路？对我来说大概是 4580 公里，从西北那个不到 500 人的落后小村庄，到容纳了将近 2000 万人的广州。我不属于那些班里最聪明的人，但是却靠着一股学习的韧劲，坚持走了很远的路。

一

对于 9 岁的我来说，读书能让我离开家 76 公里的距离。那是从村到县城的路，没有高速，客车要开将近 2 个小时。村里没有足够的师资力量，所以大部分同学都是读到三四年级就转去县城读书。那时候寄住在亲戚家，一个人面对新学校、新同学甚至新课程，无措和自卑冲击着一个 9 岁女孩的心灵。

在转学后第一学期的微机课考试中，我傻傻地看着这台电视机一样的仪器，不会操作，不知道点到哪个按键进入到某个黑屏却闪着光标的界面，怎么也退不出来。面对根本不知道如何操作可能 0 分的成绩，我紧张而又委屈地挨到了考试结束。

放假回家我跟妈妈说："妈妈，我害怕，去县里读书跟不上学校的课程，成绩太差了。"妈妈说："刚去跟不上是正常的，妈妈相信你，慢慢就学会了。去吧，在县城好好读书。"

那时候我不知道待在村子里有什么不好，只知道爸爸妈妈希望我继续读书。

二

后来我以一般的成绩读了县里初中，在老师眼里就是一个平平无奇的学生。让我第一次意识到读书可以让我继续走得更远的，不是我的老师，而是班里成绩第一名的佳佳。

佳佳为人温柔大方，同学们都很喜欢她，我也不例外。有次她让我陪她一起去老师办公室拿作业，老师问她初中有什么计划吗，她跟老师说打算读一年之后转去市里的火箭班，准备以后考个好大学。我第一次意识到，原来班级也可以按成绩分，未来的人生可能就在这一次次的成绩中走向了不同的路，读书是能够让我们在面对这些路时拥有更多选择权的捷径。尤其是我们这种没有家庭托举的小孩，没有人帮我们规划人生，所以模仿优秀的同学、努力读书跟上他们的步伐，可能是我们走得更远的最好方式。如果能跟上她的成绩，也许我也能看到和她一样的风景？

于是，我开启了一段忘我学习的日子，上课认真地听讲，课后作业全部自己做，甚至利用好每一个课间，有不会的题及时向同学和老师请教，扎扎实实地背课文、背单词。后来我的成绩真的开始一点点地进步，在班级里能够排在佳佳后不远了。初二的时候，她真的转学了，去追梦了，而我在心里偷偷跟自己说，"继续努力吧，跟上她读书的脚步"。没想到，凭借着一股勇气和扎扎实实学习的积累，我中考竟然超常发挥，取得了县里前 20 名的成绩，让我真的有了选择。

本来还在因为经济原因考虑要不要去读中专，学护理专业，早早工作。现在因为读书，有老师从百公里外来到我那一贫如洗的家里跟说我，"来我们学校的尖子班读书吧，只要成绩好，就能免学费和住宿费"。面对这样的条件，我没有一丝犹豫。

也许读书真的可以改变命运呢？

三

16 岁，读书让我离开家 311 公里，这是从一个县城到另一个地级市的路，我以为是扬帆远航，没想到却见识到什么是真正的落差。好不容易凭借努力和刻苦获得的一点自信和成就感，却在开学各科第一次期中考试中溃不成军。

不适应的早自习、晚自习，上课很困，跟不上老师的思路，生物和化学成绩不及格，英语不仅听力和口语不行，考试成绩也很差……化学老师甚至会在下课后跑到我的座位问我："你怎么学的呀，怎么能考不及格，你要好好加油呀，多跟你同桌学习学习。"原来这就是尖子班，原来有人各科成绩能考满分，我感觉自己和这些好成绩的同学之间差的不仅仅是那几十分，更是我看向未来的信心。

我好焦虑，心想按照这个成绩，高一期末考试我肯定不能达到预期目标了，到时候要么转回原来的县读书，要么转去平行班，但要自己交学费和住宿费，这可是一笔不小的开支，我好纠结，该怎么办？这样的焦虑甚至让我没有办法专注于读书本身，我做足了一个努力的学生该有的样子，按要求交作业，认真记笔记，一个步骤都不敢落下，我感觉好累，但是就是学不进去，就是记不住，就是考不好。我甚至开始害怕上英语课，因为每节课英语老师都会叫我们几个成绩不好的上黑板听写单词。自己的失败已然让我难受，同学的聪明更是让我感到自卑和无望。明明作业都经常没写，却总能第一时间跟上老师的解题思路，人和人的差距怎么这么大？

我和另一个县城考过来的同学成了搭档，我们太能理解彼此的感受了，期中考试结束后，带着等成绩的恐惧，我们在学校的小操场上没忍住哇哇哭了起来，然后开始彼此安慰：接受现实的状态，我们就是普通人，普通人需要比聪明人多努力这很正常，但是我们不能认输，我们不能就这么被成绩击败、被挫折击败。这不过是一个开局，未来的一切都是未知，我们都还有机会拿回选择的主动权。

我们相约一起去剪了短发，一起天蒙蒙亮就早起去背知识点、背单词，一起买了小台灯，熄灯后在宿舍继续查漏补缺。重要的是，我们接受了自己成绩差的事实，不去把精力花在自卑和内耗上，而是专注于学习本身，比起漂亮而全面的笔记，记住知识本身更重要。你要听写，我就背熟一个个单词和课文；你要考试，我就全书背一遍、两遍、三遍，忘记了我就重新背，或多或少总能记住一些。

就这样，在压力下咬咬牙，高一学期结束后，我们的成绩稳在年级100名以内了，我们幸运地留在了原来的班里。终于不用再天天被英语老师叫去黑板听写，生物偶尔还能考个不错的分数。我又重新拥有了信心，未来也许我还可以走得更远。

这个"也许"真的被后来的我一步步实现了。

19岁，读书让我看到了离家2970公里的十三朝古都西安。23岁，读书让我看到离家4580公里的大湾区的广州。27岁，我一边工作一边备考，考上了高考第一个志愿填报的双一流大学的非全日制研究生。31岁，我研究生毕业，去过北京、上海、香港、澳门等诸多城市，甚至和北大、清华毕业的人成了同事。

　　读书苦吗？对小时候的我来说太苦了，要付出很多努力，克服内心的自卑和恐惧。为什么学习那么累还要努力？因为想去的地方很远，因为少年一身反骨，因为不甘一生平庸。再回首，所有的苦累都成了成长的阶梯，让我们一步步拥有更多选择，看更广阔的世界，实现更自由的人生。

貳

你可以拒绝学习，
但你的竞争对手不会

你必须有一样拿得出手

花莉敏

复杂的事情简单做，你就是专家；简单的事情重复做，你就是行家；重复的事情用心做，你就是赢家。

"一见珠塔我痛断肠，晴天霹雳当头打；珠塔呀，你怎会落入旁人手，表弟一定遭灾殃。噔噔噔、咚咚咚……"

这是锡剧《珍珠塔》的经典唱词。今年国庆假期，61岁的郭胜要和剧团演员完成28场演出，一天4场，上妆卸妆，登台候场，连演一周，谢幕后已是精疲力尽。但对他来说，唱戏不仅是他的谋生之本，更是他的毕生所爱。

中国有江南，江南唱锡剧。锡剧是江苏代表性剧种之一，也是华东地区三大剧种之一（锡剧、越剧、黄梅戏），发端于古老的吴歌，具有吴文化的丰厚底蕴，有着鲜明的地域特色和浓郁的水乡韵味，深受广大观众的喜爱。锡剧团遍布苏、浙、沪、皖，属国家级非物质文化遗产，曾被叶圣陶称为"太湖一枝梅"。

然而，无论哪一个行当，都需要辛苦和努力。20世纪70年代，物质的贫瘠、交通的不便，让郭胜下定决心走出山村。1979年9月8日早上，年仅15岁的郭胜带着父母的期望，冒着蒙蒙细雨，来到了江苏无锡锡剧团，试图为自己寻找一个"铁饭碗"。

报到那天，恰巧赶上剧团的排练，于是，他在角落里，悄悄地观摩了整场演出，这也是他第一次近距离地接触锡剧舞台上的角儿。"你听，那个咿咿呀呀的唱腔韵味那么美。那些行云流水的武打动作，就一个字儿，帅！"

很快，郭胜就被锡剧这门艺术折服了，为了谋生，他义无反顾地踏上了学戏之路。

"一二三四，二二三四，三二三四，四二三四……好，不错，再来四个八拍……"

台上一分钟，台下十年功。台上的光鲜，往往需要台下付出多于常人几倍的努力。学戏，它需"唱念做打"各种基本功傍身，并做到"功夫过硬"；需克服语言障碍，需花费大量时间去学习和记忆锡剧吴侬软语的表达方式；需不断挑战自我，通过自己的理解去塑造不同的角色，使其生动活泼，符合戏曲故事所描绘的人物性格。

每天早晨6点左右起床练早功，每周一、三、五上午两节剧目课，一周每天下午2点练基本功、武功，晚上也还在排练厅巩固练习白天所学给自己"加餐"……郭胜粗略算了算，一周下来，花费在专业上的时间得占到全部学习时间的四分之三。

唱腔、身段、形体、翻身、上步踢腿、骗盖飞脚、干拔飞脚、上步飞脚、扫堂、单刀位组合、双刀九刀半等等，各种基本功里，郭胜印象最深的得数压腿，做这个舞台动作得把筋抻开才好看。"我属于天生腿硬的那类人，在压腿的时候受了很多苦，压腿要求脚尖尽可能够到额头，还要坚持10秒，那10秒钟简直度日如年。"

尽管练功很苦，吊嗓子也很磨人，但郭胜深知，能有一技之长傍身，有一样拿得出手的技能，对他这个生在农家的孩子来说，是多么重要。他也深知，时光对于每个人来说，都是最公平的，也是最公正的。无论你有多大能力、挣多少钱，一天都是24小时、1440分钟、86400秒。人与人之间，树立的理想不同，葆有的态度不同，追求的目标不同，秉持的恒心不同，呈现出人生的价值、生命的质量也就不同。

3年学徒，郭胜慢慢习惯了这样的生活，只要有空就不断加强身段、唱腔和基本功的锻炼，"学戏，哪有不苦的"。他知道自己必须得有一样拿得出手，这不仅是他谋生的能力，也是他未来人生最好的保障，否则眼前再美好也只不过是海市蜃楼，随便一个浪花就能打破这种平静。

从一开始对锡剧的懵懂无知，到慢慢开窍逐渐感到轻松，并爱上锡剧，郭胜的青春全部献给了锡剧。

他也凭借精湛的专业，成了剧团文武兼备的当家小生，深受观众喜爱，并在江南地区享有一定声誉。他以独有的魅力征服了观众，尽管前进的步履有些艰难，但仍然一步一个脚印向前迈去，犹如一株经受风雨洗礼后的"梅花"，绽放得越来越灿烂、鲜艳。

"发自内心的喜欢吧，舍不得，一直坚持到了现在。"整整45年，他没有离开剧团一步。这期间，看到有的同行弃戏经商，他也曾动摇过，但他深知，是锡剧，让他成长、成熟、成功，如果没有锡剧，他可能这辈子都跳不出"农门"。"一招鲜，吃遍天。这个世界，平庸常有，而卓越难求。一个人必须得拥有一项突出的技能，才能安身立命。""一个本事，学会皮毛，能勉强谋生；学会八分，可养家糊口；学至精髓，方能修身齐家。在任何领域，拥有一技之长，都是让一个人得到尊敬和认可的最好方式。"如今，已是剧团团长的郭胜经常这样告诫团里的青年演员。

戏外的他，是如此的真实。戏里的他，是那样的执着。从1979年到今天，郭胜所在的剧团已经在全国各地巡演了几万场，他和演员们创造了一个个演出神话，代表剧《蝴蝶杯》《珍珠塔》《双推磨》等也多次荣获江苏省、国家级大奖。

复杂的事情简单做，你就是专家；简单的事情重复做，你就是行家；重复的事情用心做，你就是赢家。曾有一位著名主持人也说："一个人的价值、社会地位，和他的不可替代性成正比。"有一项优于别人，拿得出手，就意味着有更多的机会。

有所持，方能无所恐。这是一个充满竞争的时代，也是一个机遇不断的时代。每个人都有机会，但得靠实力来赢得机会。而有一项拿得出手，把自己的优势发挥到极致，实现不可替代，才是你的立身之本，是你的"救生圈"，才能助你早日登上高峰。

学习没有捷径，唯有脚踏实地

高雪艳

知识的敌人不是无知，而是自以为掌握了知识的幻觉。

学习，对于每个人来说，都是通往美好人生的一条必经之路。有人羡慕那些学习好的人，认为他们有天赋；有人找寻所谓的"捷径"，希望在短时间内取得好成绩。然而，真正走在成功路上的人都知道：学习没有捷径，唯有脚踏实地。

一

黄河边上，站着一对师徒。只见徒弟低声问道："师父，我天生愚钝，您说我还有没有可能像您一样拥有智慧？"

师父听后，并没有急于回答，而是望着滔滔黄河，沉默了片刻，随后拿起杯子舀了一杯浑浊的黄河水交给徒弟，眼神中带着一丝深邃的慈悲："你把这杯水拿回家，放几天后再来看它的变化。"

徒弟虽然不明白其中的深意，但他仍然小心翼翼地捧着那杯浑浊的河水，回到了家里。接下来的几天，他时不时地瞥一眼那杯水，心中带着期待和疑惑。最初，水仍然浑浊，但随着时间的推移，几天后的某个清晨，他惊讶地发现，杯中的水渐渐发生了变化：上半部分的沙粒沉淀了下来，水变得清澈透明，犹如山间的泉水一般澄净。

你可以拒绝
学习，但你
的竞争对手
不会

徒弟带着满心的喜悦，急匆匆地跑到师父面前。他满脸欣喜地说："师父，您说得真神奇！那杯水如今分层了，下半部分都是沉淀的沙粒，上半部分却变得清澈见底！"

师父看着徒弟的神情，微微一笑，轻声说道："是啊，徒儿。再浑浊的水，只要有足够长的时间来沉淀，都会变得清澈。更何况是人呢？即便再缺乏天赋，只要给他努力的时间，他也会变得智慧起来。"

师父转过身，凝视着徒弟的双眼，语重心长地补充道："人和人的差距从来不在智商上，而在行动上。愚钝，不过是不想努力的修饰词。当你愿意脚踏实地，一日勤奋过一日时，你就会发现，眼前的高山早已被你夷为平地。"

黄河之水虽时常浑浊，但只要给予时间静心沉淀，终有一日会变得清澈明亮。学习更是如此，只要你肯付出时间，愿意脚踏实地去耕耘，就一定会得到岁月丰厚的馈赠。

二

有的人在某些学科上可能会表现出天生的优势，他们学得快，考试成绩总是名列前茅。可是，很多时候天赋并不如想象中重要。美国著名心理学家卡罗尔·德韦克就提出过"成长型思维"，他认为能力并非一成不变的，选择一步一个脚印下"笨"功夫前行的人，才能真正走得比别人更远。

还有很多人在学习中常常忽视基础，总想追求所谓的"速成"，甚至在考前临阵磨枪，以为能高效掌握所有书本知识。殊不知，知识的敌人不是无知，而是自以为掌握了知识的幻觉。抱着这样的想法不仅会让自己无法取得良好的学习效果，更容易让人陷入学习的焦虑。

马拉松选手不会从开始就拼命冲刺，而是会保持一个稳定的节奏，分阶段逐步发力。学习也同样需要规划和节奏，长期稳定的学习习惯比短期的爆发更重要。

三

在杭州，我曾遇到过一个学生，至今让我记忆犹新。他叫陈明，一个看似平凡的少年，却用自己的行动证明了什么是改变命运的力量。

陈明是当地一所普通中学的学生，出身普通家庭，成绩也毫不起眼。初识他时，他是班里的"吊车尾"，班级里几乎没人对他抱有期望，连老师都曾暗暗担忧他的前途。他在年级中徘徊在最后几名，甚至一度被视为"差生"。同学们对他讥讽，老师也不再多费心，父母虽然关心，但也显得束手无策。

然而，正是这样的陈明，后来竟然逆袭成为年级前三，并最终成功考入重点大学。他并非天才，也没有什么非凡的天赋，所有的一切，都是靠他一步步脚踏实地地拼搏而来。

我仍记得与他相遇的那个夏日，那时他已经是一个小有名气的"励志榜样"了。当时，我非常好奇他是如何从年级倒数逆袭到前三的，于是主动找他聊天。他没有丝毫的骄傲，反而是一脸平静。他坦然地说："我知道自己不是天才，成绩差是事实，但我不愿就这样认命。"

回忆起那段挣扎的时光，陈明说起了一个决定性转折点。那是他刚进入高二的时候，因为成绩太差，学校几乎将他列为"放弃对象"，连他的班主任也私下劝他选择职高或技校。那一天，陈明一个人在教室坐了很久，他看着空荡荡的教室，突然意识到，如果继续这样下去，自己可能真的会被生活和命运所抛弃。那一刻，他感到了一股无力感，但同时，心底也燃起了一股不甘。

"那时候我突然想，难道我就只能这样吗？是不是永远只能在失败中挣扎？难道我就真的不行？"他说。他决定不再让成绩的阴影束缚自己，于是给自己定下了一个简单的目标——"只要能超越一名同学，我就有进步的希望"。

陈明没有为自己设定过高的目标。他说："当我还在年级后几名时，我给自己定的目标不是跃居第一，而是先超过一名同学，然后再超过下一名同学。"他每天给自己定下学习任务，不急功近利，而是一步步稳扎稳打，每当完成一个小任务，就给自己一个小小的奖励，比如看会儿自己喜欢的小说，或者去吃一块小甜点。

这些看似简单的方法，却帮助他不断前进。他不仅提升了自己的自信，也逐渐找回了学习的乐趣。每次小小的进步都会给他带来成就感，这种成就感就像一盏指引他前行的明灯，照亮了他未来的道路。

即使如此，他的学习之路也并非一帆风顺，过程中的挫折、失败几乎让他再次陷入绝望。记得有一次月考，他虽然付出了大量的时间和精力，但成绩并未明显提高，甚至还有几门课下降了。这让他一度怀疑自己的努力是否有意义。可他并没有过度纠结于一时的失败，而是坚持自己的节奏。他告诉自己："失败不是尽头，只要我还在走，就会离目标更近一步。"

就这样，陈明的成绩慢慢提升，从班级后几名进步到了中游，又从中游逐渐冲刺到了年级前列。两年后，所有曾经低看他的人无不为他的进步感到惊讶。最终陈明在高考中一举考入了全国知名的重点大学。那一刻，他用自己的坚持证明了命运并非不可改变，智商并非是决定成败的唯一因素，成功更需要行动和持之以恒的努力。

没有谁的成功是一蹴而就的。在一次次的低头努力中，你流过的汗水都将化作饱满的种子，盛放出一朵朵璀璨耀眼的花，这才是真正能让你我成功的独门秘籍。学会用自己的双脚向上攀登，努力到不留一丝余力，你便可以闯进改变现状的最优通道，最终抵达巅峰。

学习的关键不在于你跑得有多快，而在于你能否脚踏实地地坚持到底。

可以输，但我绝不认输

朱青

所谓的光辉岁月，并不是后来闪耀的日子，而是无人问津时，你
对梦想的偏执。

每个人的成长都不可能一帆风顺，在漫漫求索的日子里，我们总会因为
路上的坑坑洼洼而摔倒，有的人摔倒会认命倒在那里，而有的人却憋着劲寻找
机会爬起来。我也不能避免遇到这种局面，作为初中阶段的优秀学生，没想到
命运的齿轮在高中出现了逆转。

2004 年，我以优异的成绩考上了县城唯一一所重点高中的火箭班，老师
们都说，我是我们镇中学飞出的"金凤凰"。

报到的那天，我骑着新买的车子在柏油马路上边催促父亲边撒欢。一会
儿摸摸路边的柳枝，一会儿追赶前面的自行车，那时候的我以为我的前途也会
像这条柏油马路一样又宽又顺，可是生活总会给我们一些"惊喜"。

步入高中的第一周，我就感觉到了反差。首当其冲的就是我跟不上数学
老师的讲课速度，还有在我最喜欢的英语课上，面对侃侃而谈的同学，我的英
语发音和哑巴式英语让我自愧不如。

可我确实是以优异成绩考进火箭班的呀，我们这个年级总共 14 个班级：
8 个普通班，4 个重点班，2 个火箭班。我所在的火箭一班更是翘楚里的翘楚，
在数学课上，我还在看为什么用这个步骤这么解题的时候，老师已经讲完了全

部，而更让我沮丧的是，周围同学都听懂了。

一个月的学校生活让我感觉到了前所未有的挫败，我花了好久才接受一个事实：我在这个环境里属于"学渣"。我也变得越来越沉默寡言。

还记得有次国庆放假，我骑着自行车回家，心情不同于周围同学的欢欣雀跃，而是像当时的天色一样阴沉，那漫天的黑云渐渐从天边压过来，笼罩在城市的上空。

暴雨倾盆而下，重重地打在了路两旁果树的叶子上，噼噼啪啪的声音越来越急促，越来越多的水雾在前方的道路上弥漫开。我置身其中，看不清楚前路，就好似被困在了一个茧中。我用手机械地擦着满脸的雨水，但是蹬着自行车的脚却一刻没停，是的，我要回家。

回到家的我吓了父母一跳，他们心疼地责备我为什么不避避雨再回来。我听到这个话，突然就崩溃大哭。

我边哭边说："爸，妈，在学校里，老师讲课速度太快了我都来不及理解，我身边的同学都听懂了，就我没听懂。我的英文在以前学校里是很好的，但是现在，老师让我回答一个问题，我什么都说不出来。我……我不想上这个高中了。"

父母静静地听着，从刚开始的错愕到慢慢心疼，当我最后一句话说出来的时候，父亲生气地说："不想上这个高中了？这可是你考上大学唯一的选择，你以为大学那么好考？好考你五爸连续考了三年才成为咱们村第一个大学生？"

我也生气地说："那是我五爸，你怎么没考上？所以也别要求我。"

这句话说完我就有点后悔，因为父亲脸上出现了少有的伤心。母亲赶忙过来将父亲拉到了一边，并对我说："怎么能那么说你爸。好了，妈妈知道你现在心里难过，咱们趁着放假散散心，妈妈相信你，这个问题难不倒你。"

假期那几天，父亲不知道在忙什么，很少见到他，终于在收假的前一天他回来了，我们之前的不愉快在我给他端了一碗饭之后就消散了。

该来的还是要来的，我又回到了我的高中生活。虽然我的处境很难，但是想到父母的殷切盼望，我开始尝试一些方法让自己适应，比如数学课听不懂就先把步骤记下来，下课再请教同学，英语开始大声朗读课文，注意发音。

可是一道晴天霹雳将我打回了原形。一季度模考后，我被流动到了普通班。得知这个消息的时候，我正坐在教室背单词，眼前的字母突然模糊起来。

尽管班主任鼓励我说，这个流动制度三个月一更新，我还有机会上来。但是那一刻，我感觉自己像从云端掉下，在地上摔了个粉碎。

这个消息很快在我们年级传开了，毕竟很少有火箭班的学生流动到普通班，我在普通班也变得更加沉默寡言。我觉得，应该清醒了，优秀的人那么多，我在他们中间不算什么。

虽然我瞒得很好，但妈妈还是知道了这个消息。那是一个初冬的中午，早上刚下了一场不大的雪，中午在食堂吃完饭，我一个人坐在操场上发呆。忽然我的手里多了一个温暖的烤红薯，我转过头看到了母亲被冷风吹红的侧脸，我惊诧道："妈，你怎么来了？"

"妈都知道了，你不用瞒着妈。"说着她给我剥开了红薯塞在我的手里，红薯的香味夹杂着热气一下子熏得我眼泪直流。

妈妈心疼地摸了摸我的头发，然后说："青啊，想不想听听你爸的故事？"

我默默地点了点头。

母亲接着说："你爸以前跟你五爸一样，都是村子里为数不多的五个高中生之一。所有人都觉得你爸肯定能考出去，结果造化弄人，你爸在考试前一周腿疼去看医生，就永远地留在了农村。"

"发生了什么事？"

"你爸被查出了骨髓炎，需要手术，你爷爷东凑西凑，终于救下了你爸的一条腿，可是错过了高考，还欠了一屁股债。"

"那他为什么不像我五爸一样复读，我五爸不是复读了三年吗？"

妈妈叹了一口气，接着说："你爸是不能复读，当时手术欠债2000元，在那个年代，这是巨款。你爷爷奶奶年龄大了，家里也一贫如洗。"

"所以，我爸就选择了去煤矿？"

"嗯，那时候煤矿是最挣钱的，只要你敢选择危险的工种，你就挣得更多。你爸为了还债，一头扎进了暗无天日的矿井下面。"

"他难道就甘心这样吗？"我不甘心地问。

"我听你奶奶说，他下决心去煤矿上班的前一天，绕着村子跑了一下午。"

我听了这话哭出了声。

妈妈抱着我安慰道："你以为你爸在跟命运较量的时候输了吗？并没有，他说他只是换了个路子。从那以后努力上班，用一年，还完外债，然后开始赡养父母、娶媳妇，然后给咱们盖了五间大瓦房，这个成绩全村找不出第二个。你爸最近起早贪黑的，还考了安全员证呢，他们矿上几千号人只过了两个。"

听完妈妈的话，我轻轻地放下手里的红薯，擦了擦眼泪对妈妈说："妈妈，我明白了，你和爸放心吧，我是你们的女儿，我不会认怂的。"妈妈听到这话露出了开心的笑容。

送走了妈妈，在回宿舍的路上，我的心情豁然开朗。我的父亲刚开始输给了命运、输给了贫穷，但是他并没有低头，凭借着自己的努力，重新定义自己的人生目标。最终他也成为一个孝顺、有担当、人生小满的人。是的，我可以输，但我绝不认输。

也是从这天起，我开始了逆袭。数学课上，我认真理解老师课堂上讲的内容，并搜集相关的参考书来辅助我融会贯通。当我掌握好重点知识点后，便开始一套一套地刷题。就这样，在掌握知识点和刷题的互相配合下，我的数学成绩有了起色。

对于英语，我买了复读机，开始利用一切可以利用的时间对照课文做精听。对于那些我之前害怕的课文，我开始学着听过之后熟读，然后开始背诵，从而能够写出一篇优美的英语作文。

在那三个月里，我没有周末，没有玩耍，有的只是桌兜里多起来的用空的笔芯和信心。终于，我迎来了季度月考。

接到我重回火箭班消息的那天，我平静地回到了家。晚上躺在温暖的炕上，听着父亲母亲熟睡时均匀的呼吸声，我对着黑暗说了句："我会考上大学的，因为我是你们的女儿。"

《道德经》里有一句话："水善利万物而不争。"意思是流水不争先，争的是滔滔不绝。我们的成长就如同一条奔流向前的河流，在奔向大海的旅途中，我们会遇到各种各样的艰难险阻，但也正是这些阻碍让我们更加有力地奔向大海。很多人都觉得溪水汇入大海的那一刻是最荣耀的，却忽略了它们一路上冲破重重枷锁，踏踏实实走的每一步。所谓的光辉岁月，并不是后来闪耀的日子，而是无人问津时，你对梦想的执着。

我始终欠自己一个努力的模样

王辛未

你一定要拼尽全力，不为别人，只为给你自己一个交代。即便天赋平庸也好，技不如人也罢，在刚开始的时候，平静地接受自己的笨拙，然后付出最大努力，无论在任何时刻，都不必怀疑努力的意义。

路边梧桐树的叶子由青转黄，在枝头颤颤巍巍，被秋风无情一吹，在空中打过几个旋，最终飘落在地。我背着书包，低头注视着地面，看着这些落叶被疾驰的车辆无情碾压，心中憋闷得难受。

高三开学摸底考的成绩出了，数学错了几道大题，丢分严重，150 分的试卷只考了 91 分。语文成绩中规中矩，唯有英语成绩好一点，但在全班好几个 130 分以上的衬托下，我的 123 分显得黯然失色。

看着同桌吃惊的表情、老师失望的目光，我陷入一种复杂的情绪当中。尴尬、焦虑、不安，几种糟糕的情绪混杂在一块将我紧紧缠绕，一直到老师将我叫进办公室谈话，这种窒息感都没能消减。

"这次数学考得太差劲！"老师拿出成绩单，在数学分数上画了个红圈，我的心随之一揪，变得紧张不安。老师没注意到我的忐忑，继续用严肃的语气分析着我的分数。

老师说如果按照百分制计算，我的成绩才刚刚及格，这样的分数，如果想过一本分数线，根本不可能。老师一边说，还一边用笔继续在那个圈上描摹，看着不断被加粗标红的 91 分，我的眼圈也随之变红变肿，里面已经蓄满一汪泪水，只是被我强忍着没溢出来。

接着老师又分析了我其他科的成绩，然后强调了高三的重要性、高考的重要性，嘱咐我接下来的一年必须加把劲，才有可能考上理想大学。从老师的办公室走出来，我没有回教室，而是一股脑冲出了教学楼，跑到了一个无人的角落，任由眼泪倾盆而泻。

这是我在学习上遭遇的一次前所未有的重创。

从小到大，我都是名列前茅，一直是老师眼中的好学生、同学心中的好榜样。记得上小学时，我的各科成绩都很好，尤其是数学，经常考满分。上了初中后，数学有了难度，虽然不经常考满分，但成绩在班里始终拔尖。

那时候的数学，对我来说总是轻而易举，我不费多大力气学，就能轻轻松松考高分。然而这一切，从上高中开始就变了。高中数学难度明显增大，学习对我来说，不再是一件轻松的事，而是一件怎么吃力也学不好的事。

从高一开始，面对复杂的公式和繁重的课业，我感到力不从心。我试图通过延长学习时间、增加复习强度来弥补差距，勉强保持了较高的分数。但到了高二，这种增加学习时间、一味刷题的方式，效果渐渐不明显，成绩开始下滑。

而且长时间的心力损耗，也让我感到疲惫不堪。于是高二一放假，我就像出了笼的小鸟，对学习不带一点留恋，每天将大把的时间都用在追电视剧上。这次开学模拟考数学成绩这么糟，与其说是一次失误，不如说早有预兆。

我停止了哭泣，将眼泪擦干，心中没有宣泄后的放松，而是一种更为沉重的绝望。

周末放假，我怀着沉重的心情回了家，妈妈问我考得怎么样，我支支吾吾不愿回答。夜里我躺在床上辗转反侧，第二天顶着个黑眼圈。妈妈以为我是熬夜学习累的，于是赶紧做了一大桌好吃的给我补身体。

我心里愈发难受了，晚上更是陷入深深的梦魇之中。我梦到高考那天，妈妈满心期待送我进考场，可我看到数学考卷一瞬间如临大敌，一道题也解不出来。我吓得惊醒过来，心中充满强烈的无力感。在深深的黑夜里，我问自己：为什么会走到这一步？是我不够聪明还是我不够努力？

在一遍遍地思索过后，终于拨云见日看见答案。

我的天赋也许不算好，但最大的问题仍然是努力得不够。从小学到初中，我一直处在一种不努力也能学好数学的优越感中。但到了高中，数学难度增大，需要我开始发力了。但我却没做到，好像我的努力一直停留在表面，是一种自我安慰式的"假努力"。

我总是在学习的时候，心里惦记着即将开播的电视剧；每天计划好的学习任务，却常常因为懒惰而一拖再拖；总以为考前多刷几道题就行了，可那些做错的题型，因为我从未整理而导致反复做错。

我始终欠自己一个真正投入、全力以赴的努力模样！

意识到问题出在哪里后，我决定做出改变。我深知高三是我人生中的关键一年，也是我弥补过去、实现梦想的最后机会。于是我制定了一份详细的学习计划，并决定严格执行。

我不再盲目刷题，而是以课本为主体，以习题集为辅助，先构建系统的知识框架，再做针对性练习。遇到难题时，我会主动向老师请教。那些经常错的题，我会写到错题本上，每周分类汇总一次，争取做到会的题型不做错、错的题型全掌握。

另外，我还调整了自己的作息时间，不再熬夜刷题，而是早睡早起，用清晨清醒的头脑来背诵英语和语文。高三寒假，我将家里的遥控器交给妈妈保管，让自己远离电视机。6个月后，我站在分数栏前开心地笑了，老师告诉我，我的分数不仅过了一本线，还能报考双一流大学！

收到心仪大学入学通知书的那一刻，我在自己的日记本上写了这样一段话：

这世上，天才终究是少数，大部分人都是靠努力来斩获成功的桂冠，即便是爱因斯坦那样的天才，也要付出 99% 的汗水。别因为一点困难就丧气，只要乾坤未定，一切都来得及。你一定要拼尽全力，不为别人，只为给你自己一个交代。即便天赋平庸也好，技不如人也罢，在刚开始的时候，平静地接受自己的笨拙，然后付出最大努力，无论在任何时刻，都不必怀疑努力的意义。等到胜利来临的那刻，你会感谢那个努力过的自己。

什么都不做，才会来不及

饶尧

该你做的功课，提前做是做，拖到最后做也是做；该你做的事，随手做是做，手忙脚乱地做也是做。把这些事情安排合理的话，你就很主动，很少惊慌失措，其实这才是最省力气的办法。

我站在摄影展的展厅中央，四周是我的作品，在灯光的映衬下它们更显生动。观众们认真欣赏，不时发出赞叹，这让我感到温暖且振奋。我嘴角微扬，心中却涌动着复杂的情感。

回想起那段充满挑战与坚持的日子，一切仿佛就在眼前。张爷爷的话在我心中回响：“什么都不做，才会来不及。”这句话一直是我前进的动力，让我勇敢地追寻梦想。

此刻，我知道终于实现了心中的梦想，周围是观众的认可和赞誉。但我明白，这一切并非轻易得来，而是我无数个日夜辛勤努力和汗水的结晶。

我的思绪飘回到与张爷爷初识的那个阳光明媚的午后，我拿着手机在社区公园里闲逛，寻找着可以拍摄的素材。突然，我看到一个老人坐在长椅上，手里拿着一本摄影集，正聚精会神地翻看着。我出于好奇，走过去看了看，发现那是一本关于老照片的摄影集，里面的照片虽然有些模糊和泛黄，却透露出一种难以言喻的韵味和情感。

“小伙子，你对摄影也感兴趣吗？”老人抬头，面带微笑地看着我，眼神温和又慈祥。

我羞涩地低下头，手指不安地搓着衣角，小声说道："嗯，我只是用手机拍拍，没有专业的设备。"

老人笑了笑，说："没关系，摄影的灵魂在于眼睛，而非器材。你看这些照片，虽然是用简陋的设备拍摄的，却能记录下生活的美好和瞬间。只要你用心去感受，用手机也能拍出好作品。"

后来，妈妈告诉我，张爷爷是位退休的摄影师，他的作品不仅得过很多奖，还在很多知名刊物上发表过。我对张爷爷充满了敬意，能和他相识，我觉得非常幸运。

我开始频繁地与张爷爷交流摄影心得，每次遇到他，我都会迫不及待地展示自己用手机拍摄的作品，并听取他的意见和建议。而他也总是耐心地指导我，教我如何利用现有资源创造佳作。在张爷爷的指导下，我逐渐学会了如何观察生活、捕捉瞬间、构图和调色。

有时，我也会在网上学摄影。每当在网上看到那些用高级相机拍摄的照片，我都会情不自禁地想：如果我也能有一台那样的相机，是不是就能拍出更好的作品呢？每当这个念头涌上心头，自卑感就像一块巨石，重重地压在我的心头，让我几乎喘不过气来。

家中经济拮据，父亲工资微薄，母亲打散工，还需负担我的学费与日常开销，专业相机对我而言成了奢望。

有一天，我得知市里将举办一个小型摄影比赛，虽然犹豫了很久，但最终还是决定报名参加。虽然我没有专业的设备，但我相信自己的眼光和技巧，也相信张爷爷的教诲。我花了很长时间准备作品，挑选了几张自己认为最好的照片提交了上去。

当比赛结果公布时，我惊喜地发现自己的名字赫然在列。我荣获了比赛的三等奖，虽然名次不算特别高，但这对我来说是一个巨大的鼓励和肯定。

我兴奋地拿起手机，拨通了张爷爷的电话，与他分享了这个喜讯。张爷爷在电话那头笑得十分开心，连声称赞："浩宇，真不错！我就知道你有这个能力！要记得，不管遇到什么困难，只要心里有梦想，就要勇敢去追。别等到来不及，才后悔没行动。"

然而，正当我满怀热情，准备在摄影领域大展拳脚时，家庭经济却突然陷入了前所未有的困境。父亲失业了，家里的收入锐减，母亲一人打零工难以支撑整个家庭的开销。他们开始强烈反对我在摄影上的任何投入，认为那是奢侈且无望的爱好。

我陷入了深深的痛苦和挣扎中，仿佛被撕裂成两半，无法做出抉择。一边是我挚爱的摄影梦想，一边是家庭面临的严峻现实。

就在我几乎要被现实击垮，准备放弃摄影梦想的时候，张爷爷的话再次回荡在我的耳边："摄影的灵魂在于眼睛，而非器材。"这句话让我恍然大悟，我意识到，摄影的真正价值并不在于设备的昂贵与否，而在于摄影师的眼光和心灵。

于是，我决定不再被物质条件所束缚，而是将手机作为我的摄影工具，继续追逐我的梦想。我开始用手机捕捉生活中的每一个动人瞬间，用镜头记录世界的美丽和温情。出乎意料的是，我的作品在网络上获得了广泛的关注和赞誉，甚至有一些商业合作的机会主动找上门来。

就在我摄影兴致越来越高，作品越来越丰富的时候，张爷爷的身体状况每况愈下。他本来就是个年迈的老人，加上长期的劳累和病痛，终于还是倒下了。在他病重的那段日子里，我经常去医院看望他，陪他聊天、讲笑话，试图让他开心一些。但他总是笑着摇摇头，眼眶里闪烁着泪光，说："浩宇啊，别担心我。能看到你这么有出息，我也就安心了。"

有一天，张爷爷把我叫到床边，递给我一本他精心挑选的摄影集。这本作品集里的每一幅照片都记录着他年轻时的回忆和故事。他深情地说："浩宇啊，这本摄影集就留给你了。里面不仅有我的作品，还有我对摄影的理解和感悟。记住，生命短暂，别让犹豫成为遗憾。无论未来会遇到怎样的挑战和困难，都要勇敢地面对和克服。"

我双手接过摄影集，仿佛接过了一份沉甸甸的嘱托，心中涌动着无尽的感激和敬意。我深知，这本摄影集凝聚了张爷爷的心血，是他留给我的宝贵遗产，更是对我无尽的鼓励和期望。我暗暗下定决心，一定要继续努力，用镜头记录下这个世界的美好和瞬间。

回望过去，我心中充满了感慨和感激。是张爷爷让我明白了一个道理：在追求梦想的路上，行动比等待更重要。只有勇敢迈出第一步，才能抓住机遇，实现自己的梦想。

记得有一次，我在为即将到来的摄影展焦虑不已，担心准备工作不够充分。张爷爷看出了我的犹豫，他轻轻地拍了拍我的肩膀，语重心长地说："浩宇啊！该你做的功课，提前做是做，拖到最后做也是做；该你做的事，随手做是做，手忙脚乱地做也是做。把这些事情安排合理的话，你就很主动，很少惊慌失措，其实这才是最省力气的办法。"他的话语如同春风拂面，让我顿时豁然开朗。

从那以后，我开始更加注意时间的管理和计划的制定。在筹备摄影展的过程中，我提前规划好了每一步，确保每项工作都能有条不紊地进行。这样一来，我不仅避免了临阵磨枪的慌乱，还节省了大量的时间和精力。

我知道，张爷爷一直在天堂看着我，鼓励着我。我会继续用镜头记录世界的美好，不让梦想成为遗憾。因为，我深深铭记着张爷爷的教诲：什么都不做，才会来不及。只有行动起来，才能把握生命中的每一个精彩瞬间。

不要用大器晚成来麻痹自己

饶尧

想要站上从未到达过的巅峰，就需要经历从未遭受过的痛苦。水到绝处是风景，人到绝境是重生。能从沼泽里爬出来的才是圣人，浴火重生的才是凤凰。

阳光如金色的绸缎，透过窗户洒满教室，为整个空间披上一层光辉。十几岁的孩子们，脸上洋溢着青春的活力与好奇。今天，就在我即将奔赴人生的另一起点时，我站在讲台旁，不是以学生的身份，而是被老师邀请来的特邀嘉宾。

"同学们，今天我们有一堂特别的课。"老师的话语带着神秘，仿佛即将开启一扇通往奇迹的大门，"我们邀请方志超同学来分享他的故事。他的经历告诉我们，不要用'大器晚成'来麻痹自己，因为真正的改变，始于当下的决心。"

掌声雷动，我脸颊微热，心中满溢着自豪与成就感。

"大家好，我是方志超。"我的声音清晰而有力，我仿佛穿越了时空，回到了那个曾经的自己面前。曾经，我是一个不折不扣的学渣，拖延、逃学几乎成了我的代名词。但今天，我站在这里，想告诉大家，不要以"大器晚成"为借口，让拖延成为阻碍我们前进的绊脚石，马上付出行动，一切都可以改变。

思绪飘回高中初入学的日子，那段时光，如同漫长的黑夜。我深陷拖延的泥潭。作业总是被拖延到最后一刻，才匆忙应付。每当课堂讨论时，我的思绪早已飘远，眼神在窗外的云朵和飞鸟间游离。我总是安慰自己"大器晚成"，不必急于一时，却因此错过了许多脚踏实地的机会。

有一次，数学老师布置了一道难题。我苦思冥想一个小时，却仍然找不到解题的头绪，干脆把作业本一扔，心想："算了，等老师讲解吧！"在等待中，我打开了游戏，沉浸在那个虚拟的世界里，暂时忘记了现实的烦恼，也忘记了那些看似永远也解不出的数学题。然而，这种等待和逃避并没有为我带来任何解决问题的机会，反而让我的数学成绩一落千丈。

逃学也逐渐成了我逃避困难的一种方式。每当学校的大门在身后关闭，我就仿佛进入了一个无忧无虑的世界，那里没有作业的沉重、没有考试的压力、没有老师的责备，只有无尽的玩耍和欢笑。我会和朋友们一起去网吧打游戏，或者在河边悠闲地钓鱼，享受那种逃避现实带来的短暂快乐。然而，我深知这种逃避只是暂时的，问题依旧存在，而我需要勇敢地面对并克服它们。

每当夜幕降临，我回到家中，面对父母的询问和失望的眼神，心中又会涌起一股难以名状的愧疚。那种愧疚感像一把锋利的刀，切割着我的内心，让我无法安宁。

就在我几乎要放弃自己的时候，一堂语文课如同一束光，照亮了我迷茫的心灵。那天，老师讲的是苏洵的《六国论》，老师说虽然苏洵最终成为一位杰出的学者，但他年轻时也曾不求上进，直到二十七岁才开始发奋读书。然而，我们不能简单地将苏洵作为"大器晚成"的榜样，更不能因此忽视努力的重要性。最后她总结："真正的大器晚成并非'坐以待毙'，想要站上从未到达过的巅峰，就需要经历从未遭受过的痛苦。水到绝处是风景，人到绝境是重生。能从沼泽里爬出来的才是圣人，浴火重生的才是凤凰。"她的声音温柔而有力，每个字都如鼓点敲击在我心上，无法忽视。

052

那一刻，我仿佛被雷击中了一般，浑身颤抖，心中涌起了一股前所未有的力量，那是一种想要改变自己、证明自己的决心。

夜晚，我躺在床上辗转反侧，脑海里反复回荡着老师的话和苏洵的经历。我开始思考自己的未来，思考自己是否真的愿意一直沉沦下去。不，我告诫自己，不能依赖"大器晚成"的借口。苏洵的故事虽激励人心，但并非人人都能拥有他的契机。我要立即行动，用行动改变命运。

从那天起，我不再逃避学习，而是勇敢地面对挑战，制订详细的学习计划，作业按时完成，提前预习下一课的内容。在课堂上，我积极参与讨论，提出自己的见解。

然而，改变并不是一蹴而就的。后来，我遇到了无数的困难和挫折，数学依然是我的弱项，每次考试都像是一场灾难。有一次考试，我的分数又成了班上的垫底。那一刻，我仿佛听到了心碎的声音，开始怀疑自己。

正当我心中的信念有些动摇时，考试总结大会上，我注意到了站在领奖台上容光焕发的李跃华同学。他曾经和我一样，总是把作业拖到最后一刻，甚至不做。然而，不知从何时起，他的成绩竟然突飞猛进，最终蜕变为令人羡慕的学霸。

我好奇地凑近他，问道："李跃华，你是怎么做到这一切的？"他笑了笑，眼神中透露出坚定："其实，我也曾有拖延的毛病，还用'大器晚成'来安慰自己。但后来我发现，那只是一个让我逃避现实的借口。真正的改变，始于我付诸行动的那一刻。"

李跃华的话如同破晓的曙光，驱散了我心中的迷雾。我开始更加努力地学习数学，在教室、图书馆，乃至深夜的台灯下，都留下了我奋斗的身影。数学公式与习题，填满了我的生活。

终于，在一次模拟考试中，我取得了突破性的进步。那一刻，我仿佛看到了自己未来的曙光，听到了内心的欢呼："我做到了！我真的做到了！"从那以后，我的成绩开始稳步提升，从班级末尾到名列前茅，再到成为今天考上名校的学霸。

现在，我站在讲台上，面对着台下的学弟学妹们，心中充满了自豪和感慨。我知道，我的成功并不是偶然的，它是通过努力和坚持换来的。

"我知道，你们中的很多人可能也和我一样，曾经迷茫、挣扎过。但我想告诉你们，不要放弃自己，不要等待'大器晚成'。因为'大器晚成'绝不是坐在那里等待机会的降临。它需要我们抚平内心的焦躁，明确自己的方向，然后脚踏实地，一步一步地向前迈进。"

话音刚落，教室里再次响起热烈的掌声。热烈而持久。我看着台下的学生们，他们的脸上洋溢着激动和振奋。阳光透过窗户洒在我的脸上，温暖而明亮。我深吸一口气，感受着这份美好和希望。

未来的道路上，再大的挫折也不会拖延我的脚步。而今天，我向学弟学妹分享自己的故事，希望能为他们种下希望的种子，就像当年语文老师和李跃华为我播下希望的种子一样。

自律+努力+方法+坚持+时间=优秀

凉月满天

人生，总有那么大段的时光，你在静默、在等待、在坚忍，在等一场春暖花开，在待一树春华秋实，在等从未有过的雷霆万钧。

在那悠长而又平凡的岁月里，我曾经走过一段从绝望深渊到璀璨星河的旅程。

三十岁对我来说，是命运悄然转折的起点。

那一年的某一天，我站在讲台上，却发现自己再也无法发出声音。那一刻，世界仿佛失去了色彩，我站在人生的十字路口，迷茫又彷徨。

现在再次回想那段经历，如临深渊、如履薄冰的感觉仍旧刻骨铭心：每每午夜梦回，睁大眼睛，汗透重衫，实在想不明白为什么走路走得好好的会一跤跌倒，而且还是跌倒在深坑，爬都爬不起来——为了治这个看不见摸不着的疾病，偏方用过了，北京的大医院看过了，苦药汤子喝过了，也针灸过了，甚至满天神佛都拜过了。

年已而立的我，慌张得不知所措，每天一点声音都难以发出，一旦开口说话就如刀片划过喉咙般剧痛。那个时候的我，真是心被一万把箭穿出一个大窟窿，嗖嗖地过穿堂风。

于是，在无法与人交流的时候，我试着抱着一台亲戚淘汰下来的旧电脑，开始尝试用文字表达出我想说的话。

在绝望的深渊中，我好像逐渐找到了一束光。静谧的夜晚，月光透过窗棂洒在书桌上，我的手笨拙地在老旧的键盘上咔嗒咔嗒地敲着一个个文字，就这么一步一步地，试着把心里都已经积压的话重新鲜活地用文字说出来，像春风遇着柳条，像夏日催发红荷。

起初，这过程并不顺利，我在网站上的每一次投稿都石沉大海，直到现在我都记得我打开自己的创作后台的那一幕，长长的一列退稿单啊，就像是开火车，轰隆隆地冲着我开过来……

怎么办？

那个给出退稿单的编辑，大概永远也想不到彼此相隔的屏幕后边，我感觉自己都七分八裂了。

我躺着、失意着、迷茫着。全身的力气被抽走，然后又慢慢地、一丝一丝地流进来，把一个像瘪掉气球的我重新充好气。然后，我鼓了鼓劲，重新坐回电脑前面。

于是，时间成了我最忠实的伙伴。我开始了日复一日、年复一年地劳作，就像耕田一样。白天，我是在学校图书馆沉默工作的图书管理员；晚上，我是浩瀚的网络世界里一个不起眼的写作者。在天上星月人间灯的陪伴下，我好像脱去了肉身沉重的皮囊，化作没有二两重的文字重量，像轻烟一样上下五千年地穿梭飘荡。

在那种时刻，时间的流逝在我的感知里不是一条线，而是一顿一顿的，或者是倏忽一小格、倏忽一大格的。因为我低下头敲打键盘的时候也许是晚上八点，等到我再次抬起头来，好像不过是一低头一抬头的工夫，却已经是凌晨。五脏六腑好像都被掏空了一样，有一种疲惫且满足的空空荡荡。

就这样在一低头一抬头间，我走过了银河的缓慢旋转，走过了北斗的勺柄从西到东，走过了星辰落下，走过了皓月满空。

这一走，就走了二十年。

你看，人生，总有那么大段的时光，你在静默、在等待、在坚忍，在等一场春暖花开，在待一树春华秋实，在等从未有过的雷霆万钧。但是，春暖了，你这朵花一定要有自己的力气去开放；秋来了，你这棵树一定要有自己的力气去结出果实；雷霆来了，你呀，得能够凭自己的筋骨血肉去百炼成钢。

现在我新家的书柜里，有一面专门装满了我的样书、样报和样刊。柜门紧闭，等闲不给旁人看，因为旁人不晓得我的劳苦和辛酸。平时我自己也不看，因为我也不愿意回顾自己的劳苦和辛酸。

太累了，跌跌撞撞，踉踉跄跄。

但是，路走得多了，竟然也开始有那么一种不经意的丝滑了。我好像拿到一个主题，就知道一篇文章应该怎么写、一本书应该怎么表达。我能够瞬间在脑海里把它编织成篇，像个忙碌的流水线蜘蛛。

但是，我觉得，这样是不对的。

当一切都形成一种流水线似的非自觉性的时候，这份工作也就失去了它的创造性。而写作是最需要创造性的。

于是，去年和前年，我几乎是停了下来，不再动笔。我不再每天三更灯火五更鸡，而是开始像一个退休的老大爷似的，闲时坐在街边，看着来来往往的车流人浪，像是重新回到人间。人间照样琐碎安闲，向我迎面扑来的，是一种让人落泪的无情热闹。

我强拗着自己，不再下意识地想要把自己眼前所见搬进文字的世界。我就只是那么看，只是那么看。

是的，我在试着把过去学会的套路全部打散和遗忘，像是要打碎一只碗，再用时间的流水把它的碎片冲刷而去。原地留下两手空空的自己，试图重新抟土烧瓷，再造出一只碗。

我把脑子里那些定式似的东西全部放弃、打碎，让它们像星尘一样飘浮在天空，然后再在吸力的聚合下，缓缓旋转、黏合、聚拢成形。而在它们重新聚拢成形的过程中，我也经历着一种粉碎式的苦痛。因为我好像又回到了那种有话不知道如何去说的困境。

一天一天，时间缓慢流淌。

我又重新聚拢。

重新聚拢后的我还是我，也许只有我自己能够感觉到，今日之我与昨日之我有了略微的不同。当我重新拿起笔的时候，我变得更实在、更单纯，少了许多的花哨和卖弄。就像我的生命一样，从青葱激烈逐渐走到河宽流深。

话说，世界上优秀的人何其多也。若是与他人类比，我优秀吗？不算。世界上优秀的人何其多也！谁没有走过独属于自己的人生泥泞，又爬出独属于自己的命运大坑。一次次扑跌，一次次爬起，年复一年，日复一日，苦了也坚持，哭了也坚持。走到断头路，撞到头破血流之后乖乖回头，脚底磨了泡拄上拐棍，也要往前走，一步一个血脚印。

可是，若是与我自己相比，算优秀吗？算，必须算。

差不多的年纪，
不一样的命运

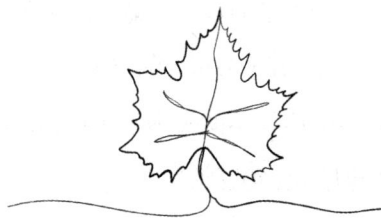

辍学那年，我以为获得了自由

李志英

你所浪费的今天，是昨天死去的人们奢望的明天；你所厌恶的现在，是未来的你再也回不去的曾经。

黛青色的山峰自脚下连绵至远方，明明一眼就能望到的山顶，却根本无力爬上去。丝薄的晨雾在半山腰萦绕，白茫茫的一片，犹如看不清楚的未来。晓茉拉着行李箱站在路旁，深吸了一口气，眼神中透露着不合年龄的决绝。

一

晓茉出生在群山环绕、绿树成荫的河北山区，她的家乡是当地有名的旅游风景区，每到节假日，络绎不绝的车队就能将路堵得水泄不通，从出生到十八岁，她去过最远的地方就是五十公里外的市区。

家乡的一砖一瓦，在她的眼里早就失去了新鲜感，别人趁着假期才能偷得浮生半日闲的生活，她却开始觉得腻烦。

"明明书本上写着'人生而自由'，可为什么我的精神上戴着枷锁镣铐？"她不理解课堂上"唠叨"的老师，不明白家中"呆板"的父母，在自己最灿烂的年纪里，却要把自己困在学校这座牢笼，冲不破，逃不掉。

冲突在一次失利的考试后爆发，她冲着父母大声质问："凭什么？"

凭什么你们的梦想要强加在我的自由之上，凭什么你们要将我困在那无趣乏味的校园里，凭什么不能让我去追求自由的远方？

她的逃离也许有几丝狼狈，却又有一种不可言说的庆幸。

凭借着自己的年轻，她很快就在一家"网红孵化基地"找到了工作，招聘她的人将薪资待遇和发展前景说得天花乱坠，而她听得云里雾里，懵懵懂懂地在合同上签了字，成了这家新媒体公司中的一员。

她设想着自己很快就能如偶像剧中一般，衣锦还乡。只是现实残酷，我见到她的时候，她脸色灰白，靠在墙上，牙齿紧紧咬着嘴唇，干燥的唇瓣上已经透着血丝。

"我很疼。"她的眼神里透着无助和疲惫，"我以为，自由就是逃出老师的课堂，是全凭自己做主的成人世界，是精彩的诗与远方，直到看似'自由'的经历给我戴上重重的枷锁。"

每天十二个小时的直播，巴掌大的方寸之地，几乎是她生活的全部。长时间高强度的直播，让她的精神逐渐崩溃，她从没想过，自己有一天竟然厌恶看到手机，只想让手机静音，把自己缩在安静的角落里，像朵蘑菇一样，悄悄地生长。

她说自己好像没了退路，课本上的知识逐渐在脑中淡化，留下的是网络上的快消品，这样的发现让她害怕，如果有一天自己被替代，她是不是连前行的路都将失去。

十八岁的她放弃了学习，以为获得了自由，却从未想过，自由的背后是残破的未来。

那天晚上，她坐在街边的小摊上，吃着一碗麻辣烫，满面泪水。

二

社会的诱惑冲击着她读书的信念，她却从未想过，短暂的自由也许可以轻易获得，而长久的自由，却只能靠读书努力获得。

我做记者的那几年，曾经去过一家著名的电子厂做采访。空旷的车间里，整齐坐在里面的大多是稚嫩的面孔，他们在二十岁出头的年龄里，坐在枯燥的传送带前，消磨着自己的青春。

杜晗是这里的"厂花"，她高三那年辍学出来打工，问及原因，她说得轻描淡写："不想读了。"

她的眼神里透着被生活消磨后的痛苦不堪，与青春娇美的容貌并不相宜。我请她去餐厅吃了顿饭，深入细聊后，她终于愿意打开心扉说说她的故事。

刚从学校出来的时候，她是雀跃的，过起了自以为很潇洒的生活，唱歌喝酒，夜不归宿……曾经校规里明令禁止的，是她每天最想挑战的。出入着各种不入流的场所，穿着不符合年纪的衣服，每天纸醉金迷以为自己过上了人上人的生活。

这样的"潇洒"日子还没持续两个月，身边的朋友已经轮换更新了个遍。曾经的校友逐渐远离，每天接触的都是同样早早辍学，在社会上摸爬滚打的青年。为了应付生活，她开始了工作。

出来上班的第一份工作就是快递分拣，每天对着巴掌大的快递单，重复地起立蹲下，每天进行上万次的弯腰，不到一个月，她就忍受不了身体上的疼痛，选择了放弃。

为了省钱，她租住在老旧住宅楼里。楼梯的拐角处总是有不知道谁丢在那里的垃圾，在潮热的空气里散发着恶臭气息，楼道的灯早就坏了，每天晚上回去必然要打着手电筒。

好在她很年轻，有着健康的身体和充足的体力，第二份工作很快就找到了，是在当地一家小型的工厂。上班的地方像是一个大型的仓库，每天她站在机器前，重复着相同的动作。为了那二百元的全勤奖，身体不舒服她也不敢轻易请假，只能拿了止疼药硬撑。

她以为这就是生活的全部，直到那天早晨她再次走进工厂，只看到一把铁链大锁。原来工厂经营不善，老板已经关门大吉，只是可怜她两个月的工资都还没要回来。她对着空荡荡的工厂，欲哭无泪，连高中毕业证都没有的她，只能选择寄身在下一个电子厂。

她哭诉着自己的倒霉，别人的自由是诗与远方，她的自由为什么是永无止境的电子厂。

"从来没有真正的自由，但读书可以选择自由的方式。"她说。

半个月前，厂子里新招录了一名人事经理，某知名高校毕业生，比杜晗还小一岁，却已达到她不可企及的高度。

"曾经的她肯读书，所以现在她可以去想去的任何地方，可以读喜欢的书，去健身、旅行，去充实自己，她的灵魂是自由的，而我的自由只在菜市场。"杜晗说起来的时候，眼神里都是艳羡。

青春从来不是一首混乱无趣的现代诗，你要成为自己的高山。

不谙世事的年纪，总想挣脱父母和学校的束缚，以为社会上才有自己梦想的自由，没想到自由一直都在双手捧着的课本里。人生是一条单行道，没有人能真正地全身而退，自由也从来不是随心所欲。你所浪费的今天，是昨天死去的人们奢望的明天；你所厌恶的现在，是未来的你再也回不去的曾经。

汽修厂里的修车少年

彦双鹰

如果你吃不了学习的苦，那就要吃生活的苦。

正月初八的下午，外面的风依旧冷冽，陈晨拉着行李独自坐上了去乌鲁木齐的火车。

他看着周边坐满的人，心里忽地跳了一下，这是他第一次离开父母去往那么远的西北，年后刚满十八岁的他就要出去闯天下了。

一

陈晨转头望向窗外，思绪随着窗外渐行渐远的风景，回到了年前刚放寒假之时。

父亲拿着他的成绩单，沉着脸，沉默不语了好一阵。半晌，父亲才咬着牙缓缓问陈晨："高二都上了半年了，你就以这样低的成绩面对你自己、面对我们？你究竟是怎么想的？"

陈晨看向父亲，态度很决绝："我讨厌读书，我不想上学，我根本学不进去，你就别再逼我了，我不想再读书了。你看我初中同学小峰，他初中毕业就不上学了，现在不是混得挺好？"

"好，不读书，那你想做什么？"父亲看向他的眼睛。

"随便做什么，反正我不愿意再读书。"陈晨看了父亲一眼，便转过脸去。

父亲没有再说话，转身离开了。

接下来的日子里，陈晨天天在家打游戏到半夜，日上三竿才起来，父亲也没有再像以前那样大发雷霆、收走手机、逼他学习，而是听之任之。母亲见状总在父亲面前唠叨："你看他天天这样，你真的不管了吗？这样下去怎么……"话没说完便偷偷抹起眼泪。父亲也总这样回答她："他已经长大了，我管不了他了，先随他去吧。"

陈晨常常窃喜，终于自由了，还是不上学的好。

腊月二十五，陈晨的叔叔拎着行李包从外面回来了。他在家吃过午饭，便来到了陈晨家，跟哥嫂打过招呼后就进了陈晨的房间，对正打着游戏的陈晨说："你不愿意上学的事我已经知道了，既然你还没有想好要做什么，那就年后先跟我到新疆去学汽修手艺吧。但是，当学徒工可是要吃苦头的啊，不读书可远比读书苦多了，我先给你透个底。"

陈晨头也不抬："知道了，只要不上学就行。"

二

"咔嚓，咔嚓……"火车的声音，拉回了陈晨的思绪。

坐了将近四十个小时的火车，终于到了乌鲁木齐站。陈晨站在出站口，用手裹了裹围巾，又将帽檐往下拉了拉，恨不得把眼睛都遮住才好，他打了一个哆嗦，乌鲁木齐可真是冷啊！

陈晨坐车辗转到了头屯河区，来到了叔叔曾给他的汽修厂地址。

叔叔先带着他熟悉了一下汽修厂的环境：一整个大院子，院中央停了三辆大卡车，往里走，正北边是四间没有大门的屋子，其中两间里各停放一辆小汽车，三三两两的维修工人正围着车捣鼓着，还有一个人躺在车底捣鼓着被抬高了的车……工人宿舍多集中在院子东边，西边也有几间房和一间公共卫生间。

汽修老板安排了一位师傅让陈晨跟着，月工资六百元，包食宿。

这一夜，下了一夜的大雪，地面积雪已厚。第二天，天刚亮陈晨就得起来干活。先铲雪，半小时过后，他在大约零下十五度的天气里出汗了。

铲雪"热身"后，开启他每一天重复的工作：帮师傅搬工具、递工具、收拾工具；看师傅上螺丝、下螺丝；瞧师傅换机油；陪师傅补胎或换胎；跟师傅学刮腻子，一遍又一遍；拧毛巾给师傅擦脸，递水杯；和其他学徒一起洗车擦车……

如此反复，陈晨每天都忙得脚不沾地，天天都弄得脸上身上乌漆麻黑，没一处干净地方。整天下来根本没时间好好休息，加班到晚上九点十点是常有的事，甚至车多时间太紧时，得忙一整夜。

有一次连着两夜没合眼，他实在支撑不住了，蹲在地上，额头靠着车门，便打起了瞌睡。师傅看见后直接踹了他一脚，对着惊醒的他说："你这样睡着，当心被冻死！"

还有一次大半夜，他被师傅从床上拎起来，随着师傅一起跑到 50 公里外，用小汽车拖着故障车回到厂里修……

整整跟徒两个月下来，杂七杂八的事做了不少，他也学到了机修最基本的东西：换机油，补胎换胎，换刹车片。

但每当忙里偷闲时，他的目光中总透着些许茫然："这，就是我的未来吗？我真的要继续过这样又累又脏的日子吗？"脑海里常常浮现父亲的话："如果你吃不了学习的苦，那就要吃生活的苦。你以为我每天工作就比你读书轻松吗？这世界上读书是相对轻松的事。"

他终于下了决心，找到叔叔："叔叔，我不愿意再这样混日子了，我还想好好读书，一定好好读书。你和父亲的良苦用心，我都明白了。"叔叔看着他，欣慰地笑了。

陈晨坐上了回家的火车，而他的父亲，已经到学校帮他办理好了复学手续。

重返校园的陈晨，学习动力满满，他要努力地补习被自己落下的所有功课。

于是，凌晨四点半，他就起床拿起英语书，对着那些之前看着就头疼的密密麻麻的英语单词连成的句子，在心里想着："这些单词肯定比记住汽修理论知识简单多了。"然后他用手机上刚安装的词典软件，一点点地查音标和译意，标注在课本上，然后一遍又一遍地读句子，直到会背诵了为止。

到了学校，他在上课期间努力认真地听课，将那些自己不能理解的知识点标记出来，等到课间他就带着问题去办公室请教老师。

回到家后，他常常做数学习题到深夜，却总是被那些看似简单的题目难住，每当他想放弃的时候就在心里想着："这难道还能比师傅修那故障很严重的车还难？"他心里这么想着，手上已经翻起了课本，对照题目相应的知识点，再来看这道题能不能解。实在不会的，就在网上寻找解题方法；遇到一知半解的问题，留着第二天去请教老师。

……

如此，通过日复一日认真努力地学习，陈晨感到每一天的自己都比昨天的自己更好，月考成绩也能一次比一次进步一点。终于，高二学期结束的他，成绩有了明显的提升。

正如颜真卿的劝学诗："三更灯火五更鸡，正是男儿读书时。黑发不知勤学早，白首方悔读书迟。"青春不是轻松自由的，我们要为了未来的自由轻松而好好读书，让自己无限接近自己想成为的人，能够在未来真正掌控自己的人生。

世上没有后悔药

张伟超

时间是公平的，把时间放在床上，成就了体重；把时间放在游戏上，成就了空虚；把时间放在攀比上，成就了焦虑；把时间放在运动上，成就了健康；把时间放在书上，成就了智慧。控制时间，才能掌控人生。

当天边露出第一抹晨曦时，世界尚未从熟睡中苏醒，那温柔且细腻的光线，仍轻轻呵护着人们甜美的梦境。每当此时，韩磊床头的手机，便会发出刺耳的铃声，将他从睡梦中惊醒。韩磊早已习惯了这种生活，他睁开眼，却并不起身，只是眼神空洞地望向天花板，像是在思索着什么。

不知为何，韩磊总能回想起那个夏天，那时他刚刚步入高中，本有着大好前程的他，却沉迷于在线K歌。诚然，他有着清澈且磁性的嗓音，这使得他只需要轻轻开唱，便能收获许多赞美，这些赞美来得是那么轻松与愉快。

他的嗓音，同时也吸引了一位专业人士的关注，专业人士建议他，可以去大学系统地学习音乐。但这种建议，被韩磊所不屑。在他看来，嗓音便是自己的天赋，任何后天的修饰，都是对自己嗓音的埋没，更何况，想要去大学系统学习，还需要付出大量的精力。韩磊坚信，自己凭借嗓音，便能够在社会中获得立足之地。

想到这里，韩磊赶紧停止了回忆，他挣扎着起身，匆忙地洗了把脸，强行让自己清醒起来，胡乱地套了身衣服，跑下楼。阳光尚未来得及张开怀抱，清冷的风使韩磊不由打了一个冷战，但他只有无奈地苦笑一声，便掏出钥匙，启动了电动车。

韩磊之所以停止了回忆，因为那时放弃了学业的他，并没有如愿成为一名红人，更没有成为一名歌手。他那引以为傲的嗓音，在互联网的浪潮中逐渐失去了特殊性，有无数比他嗓音更加出色的人，还有许多嗓音远不如他的人，靠着出色的唱功，在享受着他曾经所得到的赞美。

音乐梦想的破灭，使韩磊不得不开始直面现实，只是学历并不高的他，在求职屡屡碰壁后，便成为一名"外卖小哥"。每天，在天蒙蒙亮时，他便会骑上电动车，直到黑夜将全部的光亮吞噬后，他才拖着疲惫的身躯，回到出租屋中。这种生活，已经持续了三年。

在梦想破碎后的三年中，韩磊不得不起早贪黑地工作，才能负担起家庭的开支，这让仍在乡村务农的父母，舍得在夏天开一会空调，舍得在病痛的折磨中多休息一会。韩磊总是麻木地穿梭于城市的大街小巷之中，以近乎危险的速度送达每一份外卖，吃着最为普通的食物，穿着年年相同的衣服，早已忘记了梦想的模样。

只是，当他因车速过快而摔倒在地，身体传递出猛烈的疼痛时；当他被保安拦下，看到周遭那或怜悯或叹息的目光时，他麻木的内心总会涌上一股悔恨。韩磊在城市总是茫然的，他对城市的每一条街道、每一个小区和商店都了如指掌，知道如何最快地穿过小巷抵达目的地，但他却不知道，如何才能通往自己想要的未来，甚至他已经忘记了，什么是未来。

那天，韩磊打开电视，电视中正在播放《中国诗词大会》这个节目，韩磊看到那个叫雷海为的外卖小哥，在节目中一路披荆斩棘，进入争夺冠军宝座的环节。就在观众们对雷海为充满期待的时候，韩磊内心却渴望着雷海为落败。

或许，韩磊并不希望看到外卖小哥的成就，毕竟这无疑像是在讽刺着他当下的现实。

但是，雷海为最终还是捧起了那座属于冠军的奖杯，这意味着，任何人在逆境中都可以走出不一样的人生。韩磊在心中轻叹一声，关掉电视，一种混杂着失落、悔恨与希望的情绪，在心中蔓延开来。

每个人受限于自己的认知，在面对选择时，很难保证自己是正确的，因此，每个人都有可能会做出错误的选择。但是，人生并非只有一次选择，每一天、每一刻、每一秒，都可以重新选择自己的人生。

如今，韩磊曾经那光滑的脸庞被冬日的风霜切割到斑驳，挺拔的身躯也在重负下变得佝偻。但他的未来仍然充斥着不确定，他依然可以重新选择自己的人生，而他所需要的，或许只是一个契机。

韩磊，是幸运的，因为他终究迎来了属于自己的救赎。在一次外卖送货的途中，由于车速过快，他不慎摔倒，胳膊因此而骨折。在家中静养的他，终于有了空闲的时间，去思索自己的未来。

他重拾了自己的热爱，对音乐向来感兴趣的他，将自己的全部时间与精力，投入到对音乐的钻研中。他第一次看懂了五线谱，他明白了什么是气息、什么是音域，以及什么是颤声、头声、转音……

但是，任何成功都不是一蹴而就的，当他伤病痊愈后，不得不面临来自现实的冲突。是重新回到送外卖的工作之中，过稳定却没有希望的生活，还是选择自己所热爱的音乐，在不确定性中，搏出一个明天？韩磊并没有进行非此即彼的选择，他白天仍旧送着外卖，到了夜幕低垂时，便回到家中，继续着对音乐的钻研。

理论学习与实践训练同步进行着，而越是钻研，韩磊便越能意识到自己过往认知的浅薄。他不断地思考，不断地请教专业人士。双重的精力支出，使得韩磊倍感疲倦，同时收入的下降使他的生活更加拮据。但对知识的获取，使韩磊每天都能感知到，那原本黯淡的未来，如今正逐渐绽放出耀眼的光芒。

四季轮转，岁月如梭，曾经那近乎枯萎的希望，在坚守中绚烂盛开。韩磊通过歌唱比赛证明了自己的坚持，如今他已是一位培训机构的音乐老师，他终于摆脱了夏的炎热、冬的冷酷，在春天般的温暖中，尽情释放着自己对音乐的执着。

当我再次与他见面时，我与他聊了很久。在最后，他唏嘘地和我说道："时间是公平的，把时间放在床上，成就了体重；把时间放在游戏上，成就了空虚；把时间放在攀比上，成就了焦虑；把时间放在运动上，成就了健康；把时间放在书上，成就了智慧。控制时间，才能掌控人生。"

如果我不读书，将来能做什么

世家清

　　当下每一个想要努力的念头，都可能是未来的你在向现在的你求救。

　　在漫漫人生路上，我们常常会面临各种各样的抉择。但并非所有的抉择都出于深思熟虑，在年少的时候，许多都是一时冲动的自以为是。"我不读书了"，这句话或许在许多人的脑海中都闪现过，然而，当我们真正放下书本，过早走出校园的时候，会不会又陷入深深的迷茫之中："我不读书了，我将来能做什么？"

　　曾经，我就是那个自以为是的男孩。我生长在一个普通的农村家庭，父母都是勤劳朴实的农民。我从小就聪明伶俐，在学校里只需稍稍努力，成绩就能达到前三名。在我心中，学习就是不需特别在意的事情，甚至内心常常会嘲笑那些总是坐在书桌前认真学习的同学，人不聪明，再努力都不行！

　　然而，当我边玩边学还轻松考入县里重点高中的时候，那些从未接触过的花花世界让我眼花缭乱，因此依然惯性地放飞自我。那种对学习不屑一顾，不是特别在意的态度让我在高中遇到了真正的挑战，重复的课程和作业让我感到异常烦躁。学也学不好，玩也玩不尽兴，学习让我感受不到丝毫乐趣，教室的环境就像枷锁一样让我想要挣扎着逃脱，每天内心都要被学习虐上千百遍，无数次痛苦后的夜晚萌生了无数次的退学冲动。

　　后来，化学老师对我的指责成了"压倒骆驼的最后一根稻草"。这门课已经是我这位化学课代表最后的遮羞布，感受着周围异样眼光的我如坐针毡，内心彻底崩溃。逃离，我选择了逃离学校，选择了用辍学来掩盖自己脆弱的自尊。

在我走出校园那一刻，我心中充满了自由的喜悦，仿佛视野都变得开阔了许多。终于摆脱了学习的束缚，可以自由地和那些辍学的朋友一起四处游荡、打游戏、逛街，甚至站在学校门口对那些只会读书的"书呆子"吹起了口哨，虚无的自由从未体现得如此淋漓尽致。

可惜，好景不长，很快手中的钱就一分不剩，我不得不回到老家向父母伸手要钱，此时的他们还蒙在鼓里，期许着自家孩子能带着全村的希望率先走出大山村。我的故乡只能先坐车到小镇，然后再步行五公里进入深山。当我散漫地走在回家的路上，一辆又一辆摩托从我眼前飞奔而去，我忽然想起父亲那写满沧桑的脸庞。在一次晚饭后的闲谈中，父亲刚冒出一句"想买一辆摩托车"，便被一旁的母亲打断："那可是孩子一年的学费和生活费，将来上了大学还要花费更多。"我的心里稍有愧疚，考虑是否将已经辍学的事情告诉他们，但很快便被自私掩盖而过。

现实是我不得不再次面对。回到县城短暂地挥霍过后，资金很快又捉襟见肘，我不得不开始考虑如何赚钱养活自己。我尝试过找一些事情做，但因为没有学历和经验都没能成功，我看什么工作都好，老板看我哪儿都不行！最终凭借和网吧混得脸熟，我找到了一份网管的工作，在我心中这是少有的好工作，可以不花钱就能不分昼夜地玩游戏。而师傅只比我大三岁，已经攒钱买了一辆特别拉风的摩托车，更令我心中对未来充满了希望。

冲击，总是来得那么快。一个闷燥的深夜，我躺在不到三平米的昏暗小屋中辗转反侧，便爬起来走向电脑，再次打开游戏，师傅还贴心地提醒我要注意休息。望向一直关心自己的师傅，内心稍有感动，但转瞬又沉浸在自己的世界。忽然，一声沉重的撞击传来，师傅倒在地上，双手紧紧捂住胸口不停地抽搐。当我无助地跑向他的时候，其他惊恐的网友全都夺门而逃，我慌乱的急救一切都是徒劳，当医生摇摇头告诉我："如果能正确地胸外按压，或许还有一线希望。他熬夜太多，急性心肌梗死，还不到二十岁，太可惜了。"我如五雷轰顶般呆站在原地，眼泪不自觉地滚落，生命怎么会如此脆弱？我的明天会不会就是师傅的今天？

失业，它还是来了。网吧出事后，老板很快就关门了，我不得不再次流落街头，茫然地走在大街上，不知何去何从。已经没书读了，也没有获得快乐和真正的自由，甚至连吃饭自由都做不到，饱一餐，饥一顿！如果还在学校，如果还在读书，我应该不会经历这些吧？如果不读书，我将来能做什么？无处可去又无钱可花的我甚至无车可坐，只能无助地步行回家，或许那才是我最后的归宿。将近一夜的行走，我像个不知疲倦的机器漠然地迈开步伐，当虚无的自由撤去，内心空荡荡，大脑一片空白。晨曦的微热照在脸上，站在村口的我终于看到了饱肚一餐的希望，此刻，我比以往任何时候都想要回家。

忽然，熟悉的身影映入眼帘。一个背着一大篮玉米的佝偻身影正在艰难前行，生活的负重压折弯了她的腰，让她抬不起头。那泛黄的衣着是我心中的妈妈，我注视着那逐渐远去的身影哽咽起来，呆站在原地丧失了追上前去的勇气。我是怎么了？爸爸妈妈不是一直在这样坚持吗？

真相，往往在不经意间曝光。回过神的我快速跟近妈妈踏入家门，便听到等候已久的村长，对来不及放下篮子的妈妈说出至今想起都让我无地自容的话："子希妈妈，子希因为旷课太多，被学校开除了。"妈妈的身体瞬间失去所有支撑跌坐在地，她无助地抽泣起来。

心痛，这是我生而为人的首次真切体会。我从未见妈妈如此绝望过。当妈妈追随村长离去的身影看到站在门口不知所措的我，她眼中快速迸发出心痛的怜惜，没有责骂，而是轻轻地走过来，将我拥入怀中，痛惜地说道："孩子，你不想读书了怎么不和妈妈说，妈妈去接你回家。你饿了吧？我去给你做饭。"此刻，我终于放下了所有的倔强、任性、自我，放声痛哭起来，心痛得窒息，自己的无知愚蠢，自己的短视无能，所有的后果为什么要让妈妈来默默承受？

读书，我想读书，我要读书，我要读好书！只有读书，我才能实现对未来的美好追逐。如果我不读书，将来能做什么？我心中爆发出比以往任何时候都更为强烈的学习欲望。或许当下每一个想要努力的念头，都可能是未来的你在向现在的你求救。

终于有了结果，在父母的恳求下，校长破例给了我重新回到学校的机会，但有半年的留校察看期。对我来说，背负再多的异样目光，承受再多的流言蜚语，只不过是人生成长过程中的调味剂，比起心灵曾经承受的万般绞痛，又算什么呢？

努力，可以弥补一切差距。虽然长时间的缺课让我和同学之间的差距巨大，自己的优势科目都成了弱项，但"浪子回头金不换"。当我开始努力学习的时候，我感受到了前所未有的成就感，解了一道题，背了一首诗，心中都会涌现出短暂的成就感，原来学习能让人如此充实快乐。渐渐地，我活成了曾经自己最看不起的"书呆子"，起得最早，睡得最晚，将全部精力投入到学习中。在留校察看期满的那个月，我进入了年级前列。后来，在高考决胜时刻，我实现了父母的期许，进入了一所双一流高校就读。

觉醒，或许只是瞬间的触发。我却用了迂回的磨难才找到做人的良知、努力的方向。现在想起，我依然感激那段辍学的日子，不只是让我找到了新的希望，而是让我真正明白"每个逆境都蕴含着一颗等价或更有价值的种子"。努力读书就是我生命中更有价值的种子，我眼见它生根、发芽、茁长，变得郁郁葱葱！

你所羡慕的，都是自己曾放弃的

悦禾

你所羡慕的光芒万丈，背后都是你不曾付出的努力。别人的成功背后，是你未曾看见的汗水和曾经放弃的机会。世上从来没有唾手可得的成就，所有的成功都需要用同等的努力交换。

"思思，明天我办升学宴，邀请你来参加。"电话那头的人开心地说。打电话找思思的，是思思的高中同桌章章，她们从高一开始就是同桌，高考的时候，章章考上了双一流高校。

"思思，你在听吗？"电话那头的人没有听到声音，有些担心地问。

思思沉默了一会儿，然后轻声说："我在听，谢谢你的邀请，但我想我可能去不了。"

电话那头的人显然有些失望："啊，这样啊，是有什么不方便吗？"

思思的声音带着歉意："是的，最近我家里有一些事情需要处理，我可能走不开。真的很抱歉，不能去庆祝你的重要时刻。"

对方表示理解，随后挂了电话。

挂断电话后，思思望着手机嘀咕："真羡慕章章，考上自己心仪的大学，如果我也……"思思摇摇头，仿佛在告诉自己："这个世界上没有如果，也没有后悔药。"

爸爸似乎听到了思思嘀咕，走到思思旁边，带着指责的语气，但更多是关心，说道："你这个成绩，去了也是丢脸，就好好待在家吧。"

确实，思思就是担心丢脸才拒绝了同桌。当高考成绩出来后，思思就再也没有出门，以前她经常活跃在班级群里，现在也不讲话了。她害怕别人询问她的成绩，问她录取的学校，她不知道怎么回复别人。

放下手机，思思准备站起来，忽然，她的眼光定格在一面墙的奖状上，那是思思从小学到初中获得的奖状，贴了满满一面墙。

从小到大，思思都是邻居口中的学霸，老师眼中的好学生，直到高中，一切都变了。

不知是对自己太过自信还是高中课程太难，思思渐渐地放松了学习，放学后也不会写作业了。高中三年，她的成绩从一开始的班级前十，后来变成了倒数。

每次考试成绩出来后，她看着自己的成绩，默默安慰自己，一次考试并不能代表什么，我们要看高考的成绩。

在父母骂她的时候，她解释："那是因为自己不看书，如果看书，成绩一定很好。"

父母恨铁不成钢，也不知道怎么劝说思思。

当时，思思的英语成绩很好。记得一次英语试卷发下来后，章章把试卷上所有不认识的单词都标上注释，一张试卷上写了满满的笔记。看到章章这样的学习方式，思思说："你这样是没有效果的，英语不是这样学的。"

章章听到思思这样说，不好意思地低下头："但是我想试试。"

在思思眼里的笨方法，让章章的英语成绩飞涨，从高一的不及格，到高考超过了 130 分。

因为对英语学习的懈怠，思思高考英语勉强及格。

其实，章章在思思眼里就是一个"书呆子"。除了学习，章章好像没有什么业余爱好，平时周末大家一起出去玩，章章都一个人在家写作业。

思思也曾试图拉着章章去玩，每次章章都回绝了，一两次后，思思也就明白了章章的想法。

其实，章章在进入高中后，成绩是班级倒数，在很多倒数的同学都放弃的时候，章章没有放弃自己，不管每次成绩有多差，章章都用心地去分析错题。她相信，高考不会抛弃努力学习的她。

思思在羡慕章章考上心仪大学的时候，也知道，那是章章努力的结果，她值得。

思思在抄作业应付老师的时候，章章认真写完每一道题目；思思踩点进教室的时候，章章已经背完了20个单词；思思听到打铃就冲出教室的时候，章章拉着老师讨论题目。

章章和思思的高中学习之旅，就像双向车道一样，走向相反的方向，一个距离终点越来越近，一个距离终点越来越远。如果思思及时掉头，即使没有到达终点，至少离终点很近。

"叮叮"的声响，把思思的思绪拉了回来，原来班级群里大家在恭喜章章考上了双一流高校。章章从一开始的倒数，三年来逆袭成为班级第一，她真的很厉害。

思思在对话框里写上恭喜章章的话语，写了删，删了写，最后也没有发出去。

思思不甘心，难道自己真的只能去读一个普通的专科吗？"这不是我的实力。"思思的语气中带着不甘和希望。

"我要复读。"思思跑到爸爸旁边说。

没想到得到的回复是拒绝。思思想不通，为什么爸爸反对自己复读？

但是开学的前一天，爸爸对思思说："已经给你办理了复读手续，明天你

差不多的年纪，不一样的命运

就去上学吧。"

　　思思很疑惑是什么改变了爸爸的想法，但是她没有说出口。爸爸语重心长地说："我吃过不读书的苦，我希望你能够珍惜学习的机会，不要重蹈覆辙，也希望你通过读书，拥有更多的选择。"

　　复读那年，思思把自己的长发剪成了寸头，方便打理，衣服颜色永远是黑灰，因为耐脏。复读那年，思思把自己屏蔽了起来，朋友圈一条都没有发。

　　高考结束后，思思发了这样一条朋友圈："你所羡慕的光芒万丈，背后都是你不曾付出的努力。别人的成功背后，是你未曾看见的汗水和曾经放弃的机会。世上从来没有唾手可得的成就，所有的成功都需要用同等的努力去交换。"

　　后来，听说思思考上了一所不错的学校，她在用自己的行动，去追求自己想要的生活。

你过早步入社会，
但未必走得更远

卞明惠

　　有些人认为他很能吃苦，其实他只是能吃体力的苦。有几种苦，一般人还真吃不了。独立思考吃脑力的苦，克制忍耐吃自律的苦，读书学习吃孤独的苦，能屈能伸吃尊严的苦。正是这四种苦，才真的把人拉开了差距。

　　王小波曾言："人与人之间的不平等在于知识的差异。"当我深刻领悟这句话时，我为自己没有错失接受教育的最佳时机而感到庆幸。

一

　　中考那年，我考进了全市最好的高中，全家人都为我感到高兴。妈妈为了我，提前退休，在学校附近租了学区房，她说自己吃过没有读书的苦，走过没有读书的弯路，深知读书的重要性，在自己的能力范围内，要给我提供最好的学习环境。

　　但我不以为意，甚至不屑一顾。我从小就喜欢唱歌跳舞，立志要当一名歌手。10岁时，我的钢琴就达到了10级。进入高中后，在学校举办的各类文艺活动中，我都担任重要角色，获得过最佳表演奖、最佳歌手奖以及最佳乐器演奏奖等等。我还进入校学生会，担任文艺部部长。我觉得就算不学习、不考大学，我也完全有能力养活自己。

但是妈妈还是苦口婆心，又是举例又是规劝，提醒我不要重走她的老路。

可我还是听不进去，表面上应着"嗯嗯嗯"，暗地里依旧一意孤行。

妈妈给我的零花钱，我都悄悄存起来，买各种化妆品和精美饰品。

一天，妈妈整理我房间的时候，发现了我的眼影、口红、腮红等化妆品，气得她浑身发抖。

妈妈的怒气像一阵突如其来的暴风雨，让我措手不及。我看到妈妈颤抖的手和愤怒的眼神，心中也涌起了一点愧疚之心，我向她保证，以后不再分心，要好好学习。

妈妈说："有爱美之心并没有错，但是也不能因此忽视了学业。三年的高中生活转瞬即逝，不要白白荒废了自己的青春。"

我当时不知道中了什么魔咒，拿起课本就犯困，放下课本就精神，尤其是一听到劲爆的音乐，压根就坐不住。

在一次才艺展示活动结束后，同学玲子说我的歌声不亚于某歌手，可以上电视节目，说不定能一炮而红。

说者无心听者有意。是呀，张张嘴就可以赚钱，还不用经历学习的枯燥乏味，多好呀！我问玲子，怎样才能更快地实现歌手梦。

玲子想了想，说："你可以先去找家音乐培训机构，学习乐器和声乐知识。"

玲子陪我找了市里有名的一家音乐培训机构，那里培训内容比较齐全，但是培训费比较昂贵。

我哄骗母亲，说自己需要买数理化学习资料，弥补落下的课程，实际上我把钱交给了培训机构。

培训班学习的时间有时恰好与上课时间重叠，我又以各种借口逃学、旷课。

可终究纸包不住火，我的成绩一落千丈，妈妈被老师请进了学校。得知我的所作所为后，妈妈很生气，说什么也不让我再去培训机构。

我见此也破罐子破摔，不让我去学音乐我就不去上学。

我爸和家里的七大姑八大姨也轮番上阵，好话赖话说尽，可还是没劝动我。

就这样，我和我妈僵持了一个月，谁也不理谁。

最后，还是我妈妥协了。她好似想通了，长长叹了一口气，对我说："三百六十行，行行出状元。既然你铁了心要实现自己的歌手梦，那就好好努力，启梦远航吧！"

终于，我赢得了胜利。但真到了这一刻，我却没有想象中的成就感，也没有即将去追梦的喜悦感，反倒感觉怅然若失，不知所措。

而妈妈，也不再关心我的成绩，不再提醒我做作业。

二

我打开与母亲的聊天记录，最后一条信息，还是上个月她发来的文章《14年前高考交白卷的徐孟南，现在怎么样了》。我不由自主地打开，一字一句地读着。徐孟南，这个 19 岁的阳光男孩，在 2008 年高考的时候直接交了白卷，他以为可以根据自己的兴趣选择自己的职业，靠自己的力量就可以勇闯天下。14 年后，因没有学历，他仍做着只能靠体力挣钱的活，而以前那些不如他，但通过努力学习考上大学，后来顺利毕业的同学，有的进了世界 500 强企业，年薪 50 万元；有的进了体制内，工作稳定有保障。在历经打工、结婚、离异等生活挫折后，他觉得没有读大学是自己的遗憾。所以，在 2018 年他选择再次参加高考，并考入一所专科学校，后来还准备参加 2024 年的研究生考试，追求更高的学历。回顾自己的人生历程，他对当年那种"剑走偏锋"的做法无比后悔，深刻认识到好好把学业完成才是根本之道。

正如有人说，有些人认为他很能吃苦，其实他只是能吃体力的苦。有几种苦，一般人还真吃不了。独立思考吃脑力的苦，克制忍耐吃自律的苦，读书学习吃孤独的苦，能屈能伸吃尊严的苦。正是这四种苦，才真的把人拉开了差距。

深以为然。

我不禁反思，我不就是怕吃读书的苦吗？试图寻找一条通往成功的捷径，可残酷的现实摆在面前：如果现在就放弃学业去当歌手，我不仅缺乏系统的音乐知识，还自律性特别差。没有了母亲的鼓励和督促，我的歌手梦真的会实现吗？我会不会像徐孟南那样，空有满腔的热情，既荒废了学业，走了许多弯路，最终还得从头开始。

耳边又飘来母亲常说的话："你不吃读书的苦，就得吃生活的苦。"

我要像徐孟南一样吗？

我的心开始动摇了。走进清华、北大才是我的初心。我幡然醒悟，我好不容易争取来胜利，反而高兴不起来的原因就在于此。

三

人生无常，许多生命的转机都握在我们自己手中，一个念头就可以让人生从此转向。

我羞愧地向父母道歉。妈妈鼓励我说："只要心中有希望，什么时候开始都不晚，什么时候都是最好的时机。"

好在，我只落下了几个月的功课。我铆足了劲开始努力学习，拒绝参加任何文艺活动以及同学的聚会，还给自己制订了详细的学习计划，将每一天都安排得满满当当。我不仅认真学习新的知识，还利用业余时间疯狂补习被自己落下的功课。

当第一缕阳光透过窗帘洒进教室时，我便已经坐在书桌前，翻开了厚厚的课本和笔记。遇到不会的问题，就追着老师问，向同学求教；认真分析每一道错题出错的原因，写下需要掌握的知识点，一点一点地逐一攻破。

第二学期期末考试，我终于挤进了班级的前十名。

四

有句话说得好："读书可以体验很多种人生。而不读书，你只能活一次。"当我拿到双一流高校录取通知书的那一刻，我暗自庆幸，在我人生的十字路口，母亲的爱与智慧及时将偏离轨迹的我拉回来，引导我走上一条光明而正确的道路；庆幸自己认识到了学习不仅是为了应付考试，更是为了自己的成长和发展。我没有像徐孟南那样，选择过早务工，在本该学习的年纪放弃努力，最后自误美好前程。我轻轻地将头倚靠在妈妈的肩膀上，眼中不由地溢出了幸福的泪水。

当我踏上那趟开往大学之城的列车，心中满是对未来的期待与憧憬。新的征程才刚刚开始，我将扬帆远航，迎风破浪，向着梦想的彼岸勇敢前行。

中考失败意味着什么

张莹

中考的失败意味着父母失望的眼神，意味着自己的自卑和愧疚，意味着亲戚的闲言碎语，而自己只能不断地后悔，当初要是再努力一点就好了。

青春是一场花开，惶恐不安和喜悦明媚是青春的双翼，伴随着岁月奔向人生旅途。十五六岁的年纪，恰是迫不及待要远走高飞、青葱放肆的一段时光。

一

欣桐坐在教室里，望着窗外飘着的云发呆，风吹得若有若无的。马上就要中考了，她不知道自己会有一个怎样的结果。对此，她并不过多想，因为她觉得无论如何，自己都是能自食其力的人。

中考成绩发布，似乎是意料之中，欣桐落榜，重点高中名单上没有她的名字。她没有等接下来其他类别学校的录取，看了一眼沉默的父母后，收拾背包，义无反顾地去城里打工了。

汽车在柏油路上飞驰，路边一排排的树木，撑着绿色饱满的叶子，不知疲倦地绿着。欣桐下了车，直奔人才市场，贴满墙的招聘启事让人眼花缭乱。她一条条认真地看，生怕错过合适的信息。

　　然而，她还是有些失望，每一条招聘信息都有学历要求，即便是她认为很简单的超市收银员工作，也是要高中学历的。

　　天渐渐黑了，人才市场上的人也渐渐离去，招聘栏前安静了下来。欣桐徘徊在楼前，看路灯散发着橘黄色的光，照着路上来来往往的人，根本没人注意她的存在。

　　夏天的天很长，长到似乎没有黑夜。欣桐走在城里的街道上，看店铺门口偶尔贴出招聘消息。慢慢走，仔细看，肚子饿得咕咕叫，欣桐买了两个油酥烧饼、一瓶矿泉水，边吃边找。

　　功夫不负有心人，一个小小早餐店招聘小时工的消息让欣桐有了信心。她想，自己在家经常做家务的，这工作应该可以胜任。

　　她拨通老板的电话，和老板讲了自己的情况。老板娘见她是个年轻姑娘，答应只能先试用。

　　欣桐稍稍松了一口气，再继续找住的地方，太好的宾馆是不敢去的，租房也来不及，只能找到一个廉价日租房，暂且住下来。

　　第二天，欣桐来到早餐店，简单和老板娘熟悉一下流程，便正式上岗了。

　　第一天干下来，欣桐没想到节奏会是这样的紧张，短短两个小时，需要不停地穿梭在客人和厨房之间。面对来来往往的顾客，欣桐有点应付不过来。幸好，老板娘人很好，分外照顾她。

　　几天下来，欣桐有点打退堂鼓了，累且不说，工资也少，勉强能维持自己的日常开销。更重要的是，这样的日子，于她而言，没有一丁点的欢乐，她整个人都灰蒙蒙的，没有青春应该有的朝气。于是，利用休息时间，她悄悄去找更适合的工作，这个小小的早餐店真的不是她想要的工作环境。

　　走了多少路，问过多少家，欣桐自己也记不清楚了。她只觉得，这个小城似乎没有她的容身之地，自己成了这个世界上无足轻重、几乎可以忽略不计的存在。

二

一次次碰壁之后，欣桐决定回去。当然不是回家，她要去邻村农场打工。

欣桐想，既然城里容不下我，生我养我的土地定会容得下我。

之所以选择去邻村农场，一来因为从小在农村长大，对土地分外熟悉，她晓得种豆得豆、种瓜得瓜的道理；二来据说在农场里工作的小伙伴收入可观。

欣桐告别了小城，兴冲冲地来到了农场。

农场的接待室设在田间柏油马路旁，一排整洁明亮的房子里摆放着电脑、监测平台，几个穿了工装的人在里面操纵着。

欣桐还没看明白怎么回事，一个笑眯眯的姐姐叫她到办公室，简单询问了一下她的情况。欣桐怯怯的，心里直敲小鼓：不是要去地里干活吗？怎么还要问这些呢？

在她的印象里，爸爸妈妈一直是日出而作日落而息的，没有电脑的时代，他们也在收获着庄稼啊！

笑眯眯的姐姐带着她来到田间，指着大片的庄稼，说："姑娘，你看咱们这地，整齐不？"

欣桐放眼望去，使劲点点头。她继续听姐姐说："过去老人们干活，都是拎着锄头锄草种地，太辛苦了。现在，咱们这里都是机械化种植。你知道'北斗'吗？咱们就是采用了北斗导航卫星定位自动驾驶系统，都是无人操作，收割机、播种机自行工作，咱们负责监控、调理就好了。当然，种庄稼季节性比较强，冬季，我们就做粮食深加工。"

说完，那个姐姐一跃登上一侧的拖拉机，一阵按键操作后，跳下来站在欣桐旁边。

只见拖拉机自行开出去，沿着田埂翻动一片土地，随后，自行停在原位。

姐姐问她："你的计算机水平怎么样？植保知识懂多少？机器零件了解多少……"

欣桐看呆了。她以为，种地应该是很简单的事情，却没想到，高薪待遇的农场也不是任何人都可以来的呀。

欣桐心里感到了不安，低下头，小声问："姐姐，很抱歉，我可能干不了这些工作。因为，我的学历太低了，才中考完，好多都不懂……"

欣桐说不下去了，她想起中考时，妈妈那么精心地给她做了手擀面、荷包蛋，祝福她考试成功。当时，她并不以为意。此刻，她似乎明白了，中考的成功，是给她一个成长的机会，给她一次选择的权利，给她一个理直气壮的未来。而中考的失败却意味着父母失望的眼神，意味着自己的自卑和愧疚，意味着亲戚的闲言碎语，而自己只能不断地后悔，当初要是再努力一点就好了。

姐姐拍拍欣桐，安慰她："机会是可以争取的。你可以选择职校，只要努力，一样可以很棒的。"

听到姐姐这么说，欣桐抬起头："真的吗？"

"是的，可以的，你赶快回家，一切都还来得及。"

欣桐忽然想哭，没想到青春里可以遇到这样的温暖，给失败的中考一个完美的救赎。

欣桐匆忙踏上回家的路，她的第一站就是去学校，找到老师，认认真真地填报一所合适的学校。然后回家给父母一个大大的拥抱，整理课本和学习用具，等待通知书，重返校园，踏踏实实完成学业。

青春是一段旅程，每一段都有它饱满而丰沛的色泽。当历经退缩、逃避、重新站起、奋斗，直至抵达岸边时，青春便又完成了一次刻骨铭心的蜕变。

同是寒窗苦读，
怎愿甘拜下风

别在该拼搏的年纪沉溺于安逸

栗凯丽

早上起床你有两个选择：盖上被子做完你没做完的梦，掀开被子完成你没完成的梦。

在人生的舞台上我们常常羡慕别人的成功、别人的运气，然而自己却不敢接受挑战，沉溺在安逸中，自怨自艾。殊不知，他人的成功并不是一蹴而就的，它需要我们不断地尝试，不断地学习和成长，才能在这激烈的竞争中拥有更多的选择。

我也曾经在这安逸的泥沼中不断沉沦，直到尝到了失败的滋味，才幡然醒悟。原来只有努力拼搏，打破这安逸的牢笼，才能拥抱成功。

记得那是发生在初三的事情。

同桌兴奋地对我说："学校两周后要举行英语演讲比赛，被选上的前三名，能代表学校去参加市里的比赛，你要不要参加？"

我拍着胸脯自信地回答："那必须参加啊，咱英语每次可都是第一的存在。"

"少得意，周末要不要一起去买点参考书，精进精进？"同桌期待地看着我。

我心里一番纠结：周末我最喜欢的小说作者有新书签售会，作为一个痴迷小说的重度患者，偶像怎么能不去见？

最后我咬咬牙拒绝道："不去，不去，周末我要去拿到偶像的签名。"

同桌略有失望："好吧，那我自己去。"

我讪讪地笑着，不再说话，心里盼着赶紧放学，好回家继续看新买的小说集。

放学铃声一响，我背起书包，飞奔出门，到家书包一扔，扒拉了两口饭，回到房间，就迫不及待地拿起了小说，此时仿佛置身于另一个奇异的维度，自己一会变成壮志豪情的侠客，一会变成金戈铁马的将军。小说里的精彩纷呈，与那枯燥无味的学习生活形成强烈的反差。

时间在我翻页的指尖悄然流逝，我却毫无知觉。一抬头看到墙上的表，凌晨 1 点。

我恋恋不舍地合上书，躺到床上。至于演讲比赛的事情早已被我抛到了脑后。

安逸的日子总是会在你来不及反应的时候偷偷溜走，转眼两周已过。

早晨我依旧顶着两个黑眼圈坐到座位上，同桌看着我说："怎么这副样子，今天就要去演讲比赛了，你准备得怎么样？"

我惊讶地看着她："什么！这么快就到了，我还没有开始准备呢。"

同桌无奈地摇了摇头。

没办法我只能硬着头皮上，由于没有准备加上精神萎靡，我的成绩可想而知，没有被选上、我的同桌却被选上了，我感觉很不是滋味。

英语老师也很失望："自己有没有认真学习，成绩会检验真假，不要自欺欺人。该拼搏的年纪，如果你选择了安逸，那生活也会毫不留情地对待你。"

老师不厌其烦地教育着我："中考马上也要到了，你现在成绩退步不少，希望你多花点心思在学习上。"我嘴上答应着，心早就飞到了小说里，男主到底会不会去救女主呢？

回到座位上，同桌正在准备下一次的竞赛演讲，抬头与我视线相对，开口说："你没事吧？别太难过了。"

我尴尬地为自己狡辩："我这是偶有失误，只要我稍微地努力一下，一定会被选上。"

同桌笑笑对我说："早上起床你有两个选择：盖上被子做完你没做完的梦，掀开被子完成你没完成的梦。我发现你现在可是每天都在盖着被子继续做梦，天天待在舒适区，看小说，刷手机。那时间必然会告诉你，不拼搏，只会败给曾经不如你的人。"同桌说完，不再理会我，继续做她的练习。

我站在原处，心中荡起了一丝波澜，看着书桌上的小说，似乎也没有那么大的吸引力了。我开始反思自己近阶段的学习状态，我难道真的是太安逸太沉迷小说的世界，忽略了现实世界中重要的事情了？

回家的路上，脑海中像放电影一样过着我沉迷小说的一幕幕。看着自己成绩的一次次退步，看着自己骄傲学科的败北，一个个画面像一根根箭一样刺透着我的心。我仿佛陷入了黑暗的深渊，周围是无尽的懊恼。心中暗暗下了决心，重新开始。

到家后，我试图翻开课本，可思绪总是不受控制地飘到小说情节里。

此时心中仿佛出现了一个呐喊的声音："你甘愿就此堕落下去吗？你还要继续躲在安逸里当个失败者吗？"

一声声的呼唤，如同洪钟一般敲击着我的灵魂，让我惊出一身冷汗。

不，我不甘心。我不愿再看到老师的担忧、父母的失望，更不愿意看到曾经辉煌的我变成同学眼里的笑话，我要努力去拥有更多的选择。

我强迫自己重新拿起来课本，抛开杂念，研究起来。

这时妈妈下班回来，垂头丧气的，像是有什么心事，对我说："今天妈妈单位进行岗位调整，妈妈也在被优化的名单里，以后不用去上班了。"

她一脸愧疚地对我说："不过你不要担心，安心学习，妈妈会尽快去找新工作的。"

看着妈妈憔悴的脸，不知何时悄然爬上眼角的皱纹，两鬓花白的银丝，瞬间我心中懊恼更甚："对不起，妈妈。以前我一直在假装努力，都在偷看小说，所以成绩下滑，演讲比赛也没被选上。"

妈妈温柔地看着我说："能认识到错误的根源就行，好好学习，妈妈相信你可以的。"

我更加坚定了自己要改变的决心，把那些曾经让我无比着迷的小说放到了柜子最底层，就像把自己的安逸和堕落一起封印。

我开始一心一意地投入到学习当中，没有娱乐，没有休息，有的只是一道道的习题，虽然枯燥，但我一点都不觉得累。成绩也在稳步上升，这种上升就像黑暗中的一丝曙光，激励着我不断前行。

终于，中考的号角吹响。我自信从容地走进考场。我深知，我的努力，已为我铸就了坚实的铠甲。

中考成绩公布我如愿以偿，踏入了理想的高中。那一刻，我读懂了妈妈的辛苦、老师和同学的鼓励，更明白了唯有拼搏，方能成就璀璨的自我。

"合抱之木，生于毫末；千里之行，始于足下。"我深深地体会到知识的积累需要脚踏实地一步一个脚印，求知的路上没有捷径，想要偷懒还能取得好成绩那是不可能的。

初中的生活充满了压力和挑战，同时它也让我明白在漫长的征程中，只有不断地努力和奋斗才能实现自己的梦想，才能让自己拥有更多的选择。也希望更多的同学能够明白，别在该拼搏的年纪选择安逸，让我们提笔在岁月的书籍中写下青春的华章！

"畏难心"是阻碍学习的最大敌人

一介

没有什么可畏惧的，你唯一需要担心的是，你配不上自己的野心，也辜负了自己的曾经。

"小林，你的暑假实践作业采访身边的优秀人士，我帮你约了李叔，下午3点，就在李叔家，你准备一下。"

老爸推开我的房门，说道。

"啊？李叔……那个我经常在日报上看到的名字，那个才华横溢、文采斐然的李叔？"我难以置信地问。

随即，我不自信地问："我真的能行吗？爸，你陪我一起去吧，我怕……"

"怕什么，李叔很和蔼的。"

老爸说完就离开了，我的内心兵荒马乱：李叔可是日报报社的大主编，是我的偶像，我该问他什么问题？他会不会笑话我？万一我问的问题，他不回答怎么办？万一他回答太快，我记不住怎么办？要是我紧张得说不出话，那怎么办……

关于学校布置的实践作业，老师不会强制要求完成的。不如，我让老爸取消这次采访吧。

哎，老爸不知道，我不是怕李叔为难我，我是怕自己出洋相。与其去了丢脸和面对失败，不如不去，这样就不用面对糟糕的自己了。

到了下午 2 点 30 分，我心中百般不情愿，但在老爸的催促下，我还是骑自行车去了李叔家。李叔给我开的门，他把我带到书房。

一走进书房，目之所及，到处是书籍。目瞪口呆的我，不由自主地伸手去抚摸那些书籍。

李叔笑着说："我听你爸说，你的梦想也是当记者。"

我羞涩地点点头。

"当记者可不容易。要做到'不偏不倚，客观公正；不畏权势，不媚世俗'。你为这个梦想做过哪些努力呢？"

李叔倒是采访起我来。

"我，我……"我仔细回想了一下，似乎确实没有做过什么。我只是觉得当记者很帅气，能够接触各种各样的人，还能把别人的故事写出来赚钱，很酷。

都说你越是渴望什么，就说明你越是缺少什么。想到这里，我的脸越发滚烫。

李叔没有为难我，而是说了自己的故事。

"我家境不好，读完初中，父母就没有钱供我继续读书。我早早外出打工，一天工作 19 个小时，最少的时候是 12 个小时。在工地搬过砖，当过保安，做过收银员……你能想象，那个时候的我，甚至比你还小一两岁。"

听着李叔的故事，我惊叹他面对困难时能够拥有一颗坚韧不拔的心，同时哀叹自己的懦弱和止步不前。

"当你被生活逼到犄角旮旯，你就得勇敢去面对。那时，不论我做什么工作，始终没有放弃学习。我自学完高中学业，参加了成人高考，考了 3 次，终于考上了当地的大学，学习喜欢的新闻学专业。我能够有今天，是因为我坚信：在这个世界上，阻碍我学习的最大敌人从来不是外在的困难，而是自己的畏难心。我拥有与困难硬碰硬的决心，以及远大的梦想，还有为了不辜负那个日日夜夜点灯苦读、奋笔疾书的自己。"

李叔的话振聋发聩，我自叹不如。思索几秒后，我问道："李叔，我也想像您这样，可是我很擅长为自己的不努力找借口，夸大遇到的学习障碍，就拿这次采访您来说……"

那个下午，我与李叔来了一场深入的交流，我破天荒地敞开心扉，讲述自己最真实的想法。李叔淡然一笑，他没有言语说教，而是和我讲了他17岁那年的故事。

"那年，我住在工地临时搭建的棚里。正值冬天，北风呼呼吹过，我穿着单薄的外衣，坐在一张小桌子前，握笔的手颤抖着，不停地哈气、喝热水，来抵御寒冷。说实话，我真想钻进被窝里，好好睡一觉，可我不能，我必须学习，必须完成当天的学习任务。我拼命阻止脑海中冒出来的畏难的想法，握着笔在纸上演算着数学题，不知不觉，我忘了寒冷，专心学习……"

"现在回忆起来，我都佩服自己。当我挺过最艰难的几年，我发现，再遇到困难，我的畏难心越来越弱，行动力远远胜过了畏难心。心不畏，则事可成。真正困难的永远不是事情本身，而是一颗畏惧的心。"

从李叔家出来后，我才发现自己忘记做记录了，既没有录音，也没有拍摄。不过我没有退缩，那个夜晚，我坐在书桌前，回味着李叔的话，字字铿锵，像针一样扎进我的心里，我奋笔疾书。

之后，我将撰写的采访稿交给老师，受到了老师的表扬，老师当着全班同学的面朗读出来。我把这个喜讯告诉李叔，李叔在看了我的采访稿后，大为称赞，并将它发表在日报副刊上。那是我第一次看到自己的文字变成铅字，那种自豪感油然而生。

后来，面对我最害怕的英语学科，我向李叔学习，每天起早贪黑地背诵，背不下来，我就大声朗读，把娱乐时听的音乐换成英语，磨耳朵，日积月累，英语成绩突飞猛进。高考成绩出来时，我热泪盈眶。由此，我也由徘徊在本科分数线一跃考进了双一流大学。

现在，我想把这句话送给所有同龄的同学，至今，它仍旧是我的座右铭：

"没有什么可畏惧的，你唯一需要担心的是，你配不上自己的野心，也辜负了自己的曾经。"

成功者永不放弃，
放弃者永不成功

黄玉珊

挫折就像筛子，筛得大部分人庸庸碌碌，但也会筛得少数人出类拔萃。

在一个春暖花开的日子，我的个人画展如期开幕了，我将它取名为《来时路》。鲜有人知道，我为了这一天，一路上走过了多少坑洼与泥泞，而尽管如此，我还是像个勇士般披荆斩棘，坚持不懈。我期待着用色彩和线条与大家对话，告知世人：永不言弃，终将梦想成真。

一

似乎冥冥中注定，我和绘画有着不解之缘。从孩提时起，我便对所有图画心生兴趣，每每看到绘本、海报乃至名家名作中的美丽画面，我都兴奋不已。以至于在一次幼儿园分享自己的梦想时，我脱口而出"当画家！"那时的爸妈听到后都忍俊不禁。然而他们以为的一句童言童语，却扎根在我的心中，让我日后为它痴狂奔赴。

实际上，从幼儿园到小学，在我的一再请求下，妈妈都给我报了美术兴趣班。可能她只是想培养一下我的美感，而对我来说，能畅游在斑斓的世界里其实是一种幸福。

直到上初中，我已经可以独立创作出很多不同类型的画作了。我常常利用空闲的时间来画画，有时灵感来了顾不上写作业就开始创作。我喜欢将满意的作品一幅幅贴到房间的墙上，甚是陶醉。可没想到，这竟引起了爸妈的恼怒。

依旧记得，初二的某天放学后，我推开房门却瞬间傻了眼，原本环绕四周琳琅满目的绘画作品，竟全部被撕掉了，只剩空荡荡的白墙。我顿时急哭了，转身质问爸妈，却看到了他们冷漠的脸。

爸爸严肃地说："明年就要中考了，不许浪费时间！"妈妈也附和道："中考要紧，画画这事以前玩玩就算了，现在得戒掉，不能耽误学习！""不！画画是我的兴趣，我爱画画，没它不行！"我忍不住大声哭喊起来，疯了似的跑回房间，泪流不止。让我伤心的，不仅仅是父母的不理解和不支持，更是第一次我感受到可能与画画作别的心痛。

冷静了一晚上，我决定要跟父母好好谈谈，为保留画画这件事情作最大的争取。我跟他们说，画画是我最热爱的事，它能带给我快乐和成就感，可以调剂学习压力；我也会合理安排时间，优先保证学习，减少画画时间。他们看着我哭肿的眼睛和认真的表情，沉思了一会，最终点头默许了。我顿觉失而复得般开心。

二

在随后有限的作画时间里，我渐渐萌生了一个念头：我想要在绘画专业上深造，使它变成陪伴我一辈子的事情。对，我要成为美术生！我鼓起勇气跟父母表达了这个想法，也许他们是害怕像上次那样刺激到我的情绪，或是也认同我多一条升学路径的建议，几番软磨硬泡下竟也同意了。

　　"你这文化课没跟上，美术课也不见拔尖，走美术专业真的行吗？"在高中开学两个月后，爸爸质疑的声音便开始不绝于耳。这时的我，正踌躇满志地开启备考之旅，却没想到在现实中碰了壁。高中文化课的知识难度上了一个台阶，学习节奏也加快了不少，我一时无所适从，第一次月考只排名年级中游水平。与此同时，每周增加的美术专业课，也渐显它的高要求和高强度，我需要一改过往作画的随意，从基本功练起，一笔一画反复巩固。

　　一开局就似乎失利的我，精神压力瞬间陡增，爸爸的话在耳边一直挥之不去。在某个时刻，我也禁不住问自己："这个选择真的对吗？"于是，过去学画的片段如电影般在脑海里回放，一股强烈的不甘心涌上心头。园丁只管播种和浇灌，定能守来绚烂花期。我只要投入足够的努力，也一定能开出成功的花。如此想来，我的信念反而更加坚定了。我通过复盘调整了学习计划，用实际行动让父母相信我能行。

　　慢慢地，我的双线学习变得有条不紊，渐入佳境。转眼就到了最后一个冲刺年，每一天都在紧张而充实中度过。直到一天下午，正在画室专注练画的我，突然感到天旋地转，眼前一黑就晕过去了。医生告诉我，由于长期高负荷，我的身体已亮起了红灯。头脑晕眩、视线模糊、手酸手抖，每一样对于美术生来说，都堪称"致命一击"，我顿时慌了神。一边是联考迫在眉睫，另一边是身体状况告急，我陷入了两难境地。

　　妈妈心疼我的身体，连连要求我住院休养，还说："实在不行，咱们就不参加美术联考了！""绝对不行！"我下意识反驳，却也想起了那句老话——身体是革命的本钱。我决定配合治疗和休整一段时间，等好了再加倍把落下的进度赶回来。经此一遭，我权当是一段蛰伏，内心静候着蜕变。

　　艺考的路并不好走，但总有些勇敢而执着的人走到了最后，我是其中的幸运儿。考上理想美术院校的那天，我如释重负，感觉一切付出都太值得了。

三

时光荏苒，在高校殿堂探知艺术的真谛，时常让我的小世界迸发出火花，我的美术素养达到了一个新的境界。于是，在这个毕业在即的烟花三月，我成功筹办了这个《来时路》个人画展，展品中除了成熟画作外，还有年少时期的一些代表作。在一幅画《好朋友》素描前，我留意到有一位观众跟画里的小女孩竟有几分神似。攀谈之下，才发现原来她就是我的儿时画伴素儿！小学毕业后我们升入不同的初中，自此失去了联系，但我一直记得，当年我们一起上兴趣班，同样地热爱画画，同样地做着"画家梦"。

"素儿，你读了哪所美术院校？"我迫不及待地问。"没……我没学画画了。"她的脸上一阵羞红，迟疑了一会，才道出了原委。

上了初中后，素儿也常常画画，不仅在家里画，有时还在学校课间画。一次期末考前夕，她灵感突发，忍不住在课堂上偷偷作画，被提问问题也充耳不闻，结果被班主任抓了个正着，挨了严厉的批评，父母也被叫到了学校，写下了让她不再犯错的承诺书。一顿打压下来，她伤心欲绝，再提起画笔时，心里竟会掠过一丝恐慌。渐渐地，画笔和颜料都被尘封在书柜里，那个"画家梦"也甚少被她想起。绘画这件事，已然被她放弃了。只是有时候，出于曾经对美感的敏锐，看到漂亮的画作时，她还是会流连欣赏。

命运让我们走失又再重逢，而造化弄人，明明怀揣着同一个梦想出发，我们却因为选择了坚持前行或是止步放弃，而走向了截然不同的人生轨迹。

人生大抵如此，在追逐梦想的道路上，我们会面临接踵而来的分岔口，困难、险阻、挑战等都是一只只虚张声势的拦路虎，是勇往直前还是畏难回避，决定了我们能否成功登顶，领略巅峰风光。有句话说，挫折就像筛子，筛得大部分人庸庸碌碌，但也会筛得少数人出类拔萃。诚然，困境当前，那些保有初心、越挫越勇、冲破重围的人，更懂得永不言弃的力量，这便是取得成功的密钥。相反，遇事退缩、轻易放弃的人，往往黯然离场，与梦想失之交臂。"成功的世界从来不拥挤，如果认定了某件事情，就请坚持为之奋斗吧，那么回首来时路，你会感谢那个不曾放弃的自己。"画展最醒目处，我写下了这样一句主题语。

人生岂能无压力

一介

喷泉之所以漂亮，是因为它有了压力；瀑布之所以壮观，是因为它没有了退路；水之所以能穿石，是因为它永远在坚持。一只站在树上的鸟，从来不害怕树枝突然断掉，因为它相信的不是树枝，而是自己的翅膀。

天蒙蒙亮，学校的起床铃声响起，我就知道这苦恼的一天开始了。匆忙起床、穿衣、洗漱，快速地吃完早饭，急匆匆地赶往教学楼，进入高二17班的教室，翻开书本，朗读起来。偶尔迎来讲台上班主任的目光，我偷看向窗外蓝天白云的目光即刻收回到英语课文上。

学校的课程安排得很满，每一节课都是一场考试，有时候我紧张得手心出汗。尤其是面对我害怕的数学和物理时，我总是担心，担心自己走神，担心看到老师和父母失望的眼神。

都说初、高中生是这个社会上压力最大的群体，我想很多高中生都和我有同感吧。早上6点出门，归来时已是晚上10点20分了。拖着疲惫的身体，每天都是睡不醒的状态，迷迷糊糊地学习，压力山大，却又无从逃脱。

身陷在这片青春的泥沼地里，我常常感到疲惫、无力、迷茫和心累。

陈浩却是个例外。他走读，家就在学校附近，每天上下学有父母接送，早读课不上，晚上经常请假早退，甚至有时请假出去旅游。他总是笑嘻嘻的，经常看到课间他抱着篮球出去，回来时已经挥汗如雨了。

听说他家境不错，父亲做生意，母亲则有一份体面的工作，家中就他一个孩子，也没人给他学习压力。他学得轻松，从不给自己施压，总以为自己有退路，不必拼尽全力。任课老师和班主任经常找他谈心，希望他再用点功、多努力，争取更优异的成绩，他却总是不以为意地笑笑。

他成了我们所有同学羡慕的对象。

尤其是班里经常考第二名的班长因健康问题而选择休学半年时，陈浩常挂在嘴边的话就变成："看吧，压力不能太大，压力会把人压垮的。生活是用来享受的，不要自己逼自己太紧。"

那段时间，班里人心惶惶，生怕自己成为第二个休学的人。我也为自己的不努力找到了借口，学习上松懈了许多，并有意和陈浩接触，想像他那样活得轻松一些。回到寝室后，我偷偷看小说，上课时常常假装听课，对待作业的态度明显敷衍了许多。

高二的期末考试成绩出来了，班主任找到我谈话，他让我反思最近的学习状态。

"老师，我不懂，明明我比陈浩努力许多，为何他进步了，我反而退步了呢？"

"做好你自己的事。你问问你自己，你拼尽全力学习了吗？"

我摇摇头："可是陈浩他……"

班主任打断我说："陈浩和你不一样，万一他高考失利了，可以去他父亲的公司上班。你呢？你有什么？"

班主任的反问，让我无言以对。我不是贫困家庭的孩子，也并非生于富贵之家，父母都是普通人，他们辛辛苦苦、省吃俭用供我读书，给我提供最好的读书条件。

如果我不努力拼搏，父母所有的付出和我所有的努力都将付诸东流。

"老师，对不起，我知道错了。"

我羞愧地低下头，向班主任致歉。

班主任语重心长地告诫我："记住：喷泉之所以漂亮，是因为它有了压力；瀑布之所以壮观，是因为它没有了退路；水之所以能穿石，是因为它永远在坚持。"

我点点头。高二的暑假，我依旧在学习，只是我不再懈怠。迎来高三第一个期中考试时，我的成绩远远超过了陈浩。

陈浩还是老样子。我记得有次物理老师提醒走神的陈浩无果后，当着全班同学的面，愤然地说："同学们，'人无压力轻飘飘，井无压力不出油。'这是你们人生中非常关键且重要的一年，我知道，你们非常辛苦，每天要面对来自学业的压力、同伴的压力、父母老师的压力，这重重压力压着你们，但请你们相信，一定要顶住。'千磨万击还坚劲'，这才是新时代少年应当具备的优秀品质。老师相信，有一天，你们回首少年时光时，不会后悔曾经的努力。"

一席话说得很多同学都坐直了身子。唯有陈浩不以为意，甚至发出一声轻蔑的冷哼。

课后，陈浩再来找我打球时，我故意冷落了他一些。他搂着我的肩膀，大言不惭道："兄弟，何必给自己那么大压力呢！我给你留条后路：万一你考不上好大学，就来我父亲公司工作，保准你体体面面的。"

我委婉地拒绝了他。

在这最后一年的时光里，我抓住点滴时间背单词、解数学题，当我松懈想要偷懒时，就会在笔记本上写下自我鼓励的话……在忘我的学习中，很快就迎来了6月的高考。

考完最后一场考试，走出考场的那一瞬间，我感到前所未有的轻松。不管结果如何，我都会问心无愧，我对前程必将无所畏惧，因为我知道：

一只站在树上的鸟，从来不害怕树枝突然断掉，因为它相信的不是树枝，而是自己的翅膀。

几年后，一次同学聚会上，班主任也在，大家提起陈浩都有些惋惜，我困惑地问："他怎么了？"

"你还不知道吧。他高考成绩不理想，只读了普通的大学，毕业后就帮他父亲打理公司。可惜啊，他资历不够，又没他父亲有经验，前一两年还好，但就在去年，他父亲突然生了重病离世了，今年听说他的公司正处在破产边缘。"

如此变化，让在场的同学们都唏嘘不已。

班主任叹息道："当年，我和几个任课老师都找他谈过，我们觉得他很聪明，就是没什么压力，但凡他能稍微努力那么一点点，说实话，他努力学习一个小时，抵得过在座的学习三五个小时。可惜啊，那会儿，就算我们说破了嘴皮，他硬是丝毫没听进去。可惜了，这么好的学习苗子。"

我也一声叹息，回想起当年陈浩对我说的话。其实，我对陈浩印象不错，他家境好，拥有很多人努力许久都未必能得到的东西，只可惜……

接着，班主任看向我，颇为欣慰地说："还好，当年你及时发现了自己的问题，抓住了关键的时机，付出了极大的努力，才能有今天的成就！"

是啊，真的感谢我的老师，感谢他当年及时点醒了我，给予我适当的压力，又教会我面对压力的勇气和方法。这么多年过去了，不管是在学业还是在工作上，每隔几年，我就会给自己设立新的目标，增加新的压力。我不会待在舒适区里，我会不断地挑战自我。

人生岂能无压力。怕的不是有压力，而是错失了面对压力的勇气和失去了承受压力的能力。

不读书的人，只能等待被选择的命运

李晓玲

不懂得怎么投资自己，浪费的就是自己的生命。所以请你相信，人人都可以改变，前提是你什么时候愿意开始。

一

天还没亮，晓东就起床了，他蹑手蹑脚地穿好衣服，生怕吵醒还在睡梦中的父母。只是他刚出门就碰到正准备出去干活的父母，母亲看了他一眼，伸手温柔地摸了摸他的头，嘱咐他要注意劳逸结合。晓东心虚地点了点头，转身就往网吧走去。

晓东今年刚上初二，由于初一期末考试成绩不太好，开学时被分到平行班。虽然只要成绩超过实验班的任意一个同学就有机会去到实验班，但是平行班的大部分同学都安于现状，而晓东在平行班没有熟悉的好友，孤身一人的他迷上了游戏。

在游戏里，他有一帮好兄弟，他们都有一个共同的目标，就是攻破敌方水晶，赢了就隔屏庆祝，输了就互相鼓气。在游戏里，他是个"大佬"，"统领"着一帮小弟，享受着他们的崇拜，他从游戏中获得了在学校里从未感受过的成就感。

晓东怕被父母发现他打游戏，于是每天天没亮就出门去网吧，父母还以为他是早起学习。所以当他初二第一次月考成绩是全班倒数第一，被老师批评时，父母还帮他跟老师说好话，说他每天很早起来学习，可能就是学得慢，拜托老师多费心。

二

晓东就这样浑浑噩噩地过完了初二上学期。寒假时，他谎称去同学家写作业，其实又悄悄去了网吧。

这天刚从网吧出来的晓东，遇到了从外地打工回来的姐姐，他谎称自己在里面看别人玩游戏，姐姐也没有追问。

第二天，天还没亮，姐姐把晓东喊醒。屋外正在下雪，晓东冷得直打哆嗦，他非常不情愿地跟着姐姐出了门。刚出门就看见走在前面的父母，晓东刚要喊，却被姐姐拦住了。就这样，他们一路跟在父母身后，走了大约半个小时，晓东发现他们到了小镇的市集。

虽然天还没完全亮，又下着雪，但是市集却热闹得很，有出来摆摊吆喝的人，也有出来找活干的人。

他们从人群中看到了父母，这时有一辆面包车缓缓停靠在路边，只见父母步履蹒跚地跑向车子，举手示意车上的老板让自己去干活。最终父亲被选中，上了面包车走了，而母亲则留在原地搓着手、跺着脚、弯着腰继续在路边等着下一辆车。

姐姐正想跟晓东说话，一转身却看见晓东早已泪流满面。

原来，那天姐姐回家听说晓东成绩非常差，看见晓东从网吧出来，就猜到晓东是迷上游戏了。姐姐明白这个年纪的孩子，与其跟他们说大道理，不如让他们亲眼看看父母的辛苦，这或许更有用。

姐姐在回家的路上告诉弟弟，她也是在无意中从父母的同事口中得知，父母所就业的煤矿厂不仅倒闭了，还欠了工人们大半年的工资。为了维持生计，父母就去镇上找活干，因为没读过书，他们只能去干体力活，每天天没亮就得去镇上等着被老板们挑选去各个不同的工地干活。

姐姐还告诉晓东，现在自己开了一家网店，生意不错，赚了点钱，她打算在家开个超市，让爸妈不用再去外面干活。

晓东不可置信地看着姐姐，因为在他的印象里，姐姐一直都是在一家电子厂打工。

姐姐初中毕业那年，因为中考成绩不理想，中专想读电子商务专业却被调剂到数控专业。对课程不感兴趣的她，混了个毕业证就去电子厂打工了。

刚上班的她对生活充满了希望，想着等自己赚了钱就能帮家里分担一些，也能买点自己想要的东西。没想到才工作一周，她就不想干了。

原来，他们这些新来的员工，每天都要等老员工安排工作。老员工每次都是安排自己不想做的、不好做的工作给他们，工资低就算了，工作时间还长。好不容易放假，她什么也不想干，只想躺在宿舍睡觉。

为了生活，姐姐在电子厂里待了三年，对这种一眼就能望到头的生活，她感到十分痛苦。她看着初中同学在朋友圈分享多姿多彩的大学生活，内心十分羡慕。在一次和初中同学的聊天中，她知道了自己可以通过成人自考提升学历，她还有机会读她想学的电子商务专业，想到这儿，她立马辞职，找了一个不用上夜班的工作，还报了一个学习班。

从报名那天起，姐姐每天早上五点起床背英语单词和专业课知识，八点上班，吃饭时间边吃边做题，晚上六点下班，吃完饭后就又开始做题，直到凌晨一点才结束。她每天雷打不动地按照这个计划表学习。

尽管整个过程十分辛苦，但是当最后一门学科成绩合格出现在手机屏幕的那一刻，那些为了学习吃过的苦、熬过的夜、流过的泪都是值得的。

填志愿时，姐姐毫不犹豫地选择了电子商务专业，被录取后，她一边读书一边工作，最后顺利毕业，并利用大学学到的专业知识开了一家网店。在她的用心经营下，店铺生意越来越好，她还开了一门教别人如何开网店的线上培训课。

三

知道了父母的艰辛和姐姐的努力，晓东下定决心要戒掉游戏，努力学习。寒假期间，在姐姐的辅导下，晓东不仅把初二落下的知识补回来了，还提前学习初二下学期的知识。

开学后的第一次月考，晓东成功地进入了实验班，之后他的成绩一直保持在实验班前五名，最后，他以优秀的成绩考上了重点高中。

新的开学季到了，晓东作为优秀新生代表在高中第一次升旗仪式上演讲。他讲述了自己初中学习时的故事，在演讲结尾他动情地说道："不懂得怎么投资自己，就是浪费自己的生命。所以请你相信，人人都可以改变，前提是你什么时候愿意开始。"

毅力，决定了你能走多远

红素清

无可阻挡的热血加上想要不断进步的决心和坚持，最终所创造出来的就是奇迹，这一切与金钱和天赋异禀毫无关系。

刚入六月，太阳就开始对大地进行疯狂地炙烤，三十五度的空气与呼吸融为一体，蒸腾着每一个追梦少年的心田。校园的操场上，班级的口号声混合着蝉鸣此起彼伏，汗水布满了每一个学子的额头。

"赵越，坚持不下去了就下去休息一下！"顺着老师的目光，不难发现在班级队伍的最后有一个微胖男孩，他浑身上下都被汗水浸透，每一步都格外艰难，面对老师的关心，他甚至没有多余的力气来回应，只是奋力地向前跑着。

"赵越，坚持不下去了就下去休息一下！"可能连老师都没有意识到这句话他每天都在说，可是那个被他关注的同学却从未有过坚持不下去的时候，即便再吃力，他也没有下去休息，每一次都坚持在最后跑着。

赵越是一个普通得不能再普通的男孩。他家境普通，每个月的生活费只能勉强够吃饭，若是餐厅的豆浆涨价，他就要重新规划一次自己的生活费；他长相普通，在人群中完全会被忽视；他学习普通，被老师归类在混个毕业证、将来上个技校的行列……他总是坐在教室的最后一排，似乎可有可无。

这样普通的赵越绝对想不到，每次上操的时候，他都会成为我们羡慕的对象。那会儿我们只要听到老师那句"赵越，坚持不下去了就下去休息一下！"就会两眼放光，然后使出浑身解数去模仿赵越的"累"，同时在心底里渴望老师能够像关注他一样关注到自己。

很可惜，伪装和真实总归是不一样，老师没有关注到我们任何一个人。我们只能彼此小声嘀咕"老天爷，让我变成赵越吧！"然后还不忘补一句"只要上操的时候变就行了！""学习的时候就变成学霸张"……

这就是年少时的我们，总渴望自己拥有魔法，能够在累的时候将所有的运气与捷径都揽入自己的怀中，既可以毫不费力又可以星光熠熠。

不巧的是，魔法没有光顾我们，却光顾了赵越。那是高三的联考，他的名字出现在学校的光荣榜里，还位居前十。我至今清楚地记得那次表彰大会上优秀同学代表的发言。

那次发言的同学依旧是年级第一的学霸张，可是不同于以往，他这次发言谈得最多的不是理想抱负，不是学习方法，而是赵越。

他说在这三年里他一直看到一个身影，那个身影出现在每天早读前的教室里，出现在每天熙熙攘攘的路灯下，那个身影总是捧着一本书，仿佛一尊雕像，不影响别人，也丝毫不被别人影响，无论严寒酷暑，从未缺席过……

此时我们班所有同学的目光都聚集在赵越的身上，他依然站在最后一排，脸颊被六月的阳光照得通红，额头上的汗珠正在一滴一滴地往下落……这是我们第一次这样认真地看班上这个同学，也是我们第一次发现这个微胖男孩其实并不胖，他的五官很精致，配上那微微泛红的脸蛋，甚是可爱。原来一直以来他的长相都不普通，只是在学校里，太过普通的学习成绩会将一个人的可爱掩埋。

学霸张的发言还在继续，他说在连续一个月看到那个身影之后，就开始格外关注那个浑身都是力量的男生，他记得赵越每一次的考试成绩。在他念出那一排逐渐上升的分数和名次时，底下响起了雷鸣般的掌声。而他之所以那么关注那个身影，因为那个影子不仅是赵越，还是他自己，他知道日复一日地坚持是多么不易，更知道无可阻挡的热血加上想要不断进步的决心和坚持是多么有力量！

此时我们对学霸张和赵越不仅有敬佩，还有惭愧。我们以为成绩优异的学霸张是天生聪明，以为像赵越这样普通的孩子永远不会闪闪发光，所以作为同班同学的我们，非但没有发现赵越那悄无声息的进步，还在光荣榜上看到他的名字的时候，不自觉地认为那不过是一个同名同姓的同学。

那一刻我们突然明白，我们不是不相信赵越，而是不相信努力和毅力的力量。我们总以为，那些站在领奖台上学习优异的人，不是天生聪明，就是家里有钱请得起厉害的家教。学霸张和赵越给我们上了一课，他们用行动告诉所有人：无可阻挡的热血加上想要不断进步的决心和坚持，最终所创造出来的就是奇迹。

黑板右侧高考倒计时的数字由三位数变成了两位数，盛夏的阳光越来越炽热，空气已经由三十五度变为三十六度。操场上的口号声越来越响亮，同学们洒下的汗水越来越多，尤其是队伍最后那个微胖男孩，他整个人像是被汗水洗礼了一般，一边跑着一边用手擦拭着脸上的汗水，只是不知道从什么时候起，大家再也听不到班主任的那句"赵越，坚持不下去了就下去休息一下！"

此刻，所有人都想成为赵越，想成为他那样有毅力的人。未来的路还很长，而他的前途不可限量，那是毅力给他的力量，也是值得我们每个人去相信的力量。

最怕一生碌碌无为，
还安慰自己平凡可贵

李志英

> 你生而有翼，为何竟愿一生匍匐前进，形如虫蚁？
>
> ——贾拉尔·阿德丁·鲁米

后台有一个书友问我："人是不是都得为自己活一次？"

寥寥的几个字，却似乎包含着他内心无尽的挣扎。

留言在那里挂了很久，我起笔几次想要回复，但最后又都放弃，总怕自己潦草的一句话，耽误了对方的人生。

一

我刚上高中的时候，大概是发育得晚，长得有些瘦弱矮小，加上性格内向、成绩普通，整个人放在人堆里，就像是一粒灰尘般，轻易就能被忽略掉。那时候总有一些这样的学生，他们每天笑容灿烂地出现在班里，上课能精彩地回答出老师的问题，下课也能有很多好友聚在身边。

他们如同天上的太阳般夺目耀眼，而我只是站在角落里，看着他们，心中除了艳羡竟然找不出什么方法能靠近他们。

我当然也曾试图加入他们，但是自己实在平凡得厉害，除了骨子里那一点点自以为的自尊心外，似乎也没什么能拿得出手了。

渐渐地，我成了班里的"独行侠"，做任何事情都是一个人，对待包括学习相关的任何事情也失去了兴趣，每天都过得无欲无求，上课不捣蛋，可是也并没有在努力学习。成绩总是不上不下，老师批评几句也没什么关系，考试成绩不理想也并不怕请家长。

我把自己这种浑浑噩噩的日子，定义成难得的平凡，还曾借用苏轼的"惟愿孩儿愚且鲁"这样的话来调侃自己。反正我努力也追不上别人，索性就这样平凡地过一生吧！

直到一次座位调换，我和杨宇成了同桌。他的桌上总是摆着一摞试卷，上课时，眼睛总是紧紧地盯着老师，课堂上的任何问题，他都能及时地给出完美的答案。

我羡慕他，却不知道要如何成为他。

直到期中考试结束后，学校为了让大家在紧张的学习中得到放松，进行了一场趣味运动会，杨宇成为我们班内唯一报名男子三千米的选手。

运动会的最后一天，全校三个年级都在争男子三千米的冠军，杨宇也成功进入了决赛。当枪声响起的那一刻，整个操场都沸腾了。大家的目光都锁定在跑道上面，欢呼声和助力声不绝于耳，最终那场比赛我们拿了第一名，但就在大家欢呼庆祝的时候，我看着杨宇因为激烈运动而爆红的脸，轻轻问他："值得吗？"

"当然，为了心中的目标努力冲刺，为什么不值得？"杨宇努力将呼吸喘匀，低声地回答我。

"可如果努力了也达不到目标呢，努力还有意义吗？"我眼中的迷茫之色更浓。

"为什么没有呢？努力本身就是一种意义，我们不能决定事情的结果，但是却可以决定过程。汗水滴落的地方，开出玫瑰还是月季都不是我们能决定的，但只要有汗水就有希望，不是吗？"

一直萦绕在我心头的大雾，在这一刻才逐渐消散。我何曾不是这样，借用着平凡可贵来安慰自己的碌碌无为，因为害怕完不成目标的失败，索性就放弃了接近目标的努力。

晚自习的时候，杨宇递给我一张纸，上面写着这样一句话："你生而有翼，为何竟愿一生匍匐前进，形如虫蚁？——贾拉尔·阿德丁·鲁米"

是啊，我肆意张扬的青春，怎么甘心平庸，平淡的生活应该用不平凡的梦想装饰。青春的纸张上，应该写满我的年少轻狂。

我们一路追寻，一路探险，每一天都应该与平庸对抗。因为我们知道，令人热血沸腾的，是从不曾丢过的年轻和梦想。

二

我们应该像一朵花，开在艳阳之下，热烈奔放，自由芬芳。

大学毕业后，我顺利地面试成功，在当地的一家报社做记者编辑，每天骑着车子穿梭在大街小巷，在生活中去发现值得报道的新闻。

刚入职的时候，凭着青春的热血与激情，我总是加班找素材，熬夜写资料，结果也总算没有辜负自己，很快我就被领导看到，升职成了专栏编辑。这样的日子久了，渐渐地那些曾经对我而言具有挑战性的工作，也变得越来越简单，日子从之前的忙碌竟然变得悠闲起来。

安稳的日子如同温水煮青蛙，曾经趣味横生的工作，竟然也变得简单而单调。

我不再费尽心力去想选题，不再加班做采访，递交上去的工作也开始变成中等水平，一切都在不好不坏地推进着。直到有一天刷朋友圈，看到曾经的同学已经作为优秀青年出现在了新闻报道里，拿了这个行业的最佳新人奖。

再回顾自己，那个曾经意气风发的自己，似乎隐没在了生活中。我的不甘再次涌上心头，明明是一起攀登到山顶看过日出的人，现在中间却仿佛隔着一道天堑。

自己究竟是什么时候弄丢了梦想，每天看似忙忙碌碌，实际却碌碌无为。"梦想"这个词语，我有多久没有想起过了呢？在夜深人静的时候，我安慰自己这样的平淡也是一种可贵，只是没有梦想的平淡真的是我想要的吗？

平凡和碌碌无为，我真的分清楚了吗？我风华正茂的青春，耗费在这样平庸的日子里，真的甘心吗？

单位新来了一名实习生，扎着马尾辫的小姑娘，刚刚大学毕业，脸上永远挂着甜甜的笑，大家都很喜欢她。

一次资料调查，才知道她多么优秀——知名高校毕业，在校期间，年年荣获优秀奖学金，还获得过国家级奖项。我们都预测她在这里待不了太久，果然通过一次内部考核的机会，她顺利考到了上级部门。

她永远都是精力旺盛的，眼里是对美好未来的渴望，她的脚踩在坚实的现在，迈向自己憧憬的未来。

我始终记得她曾说过的一句话："我出生的家庭实在普通，但我骨子里又不甘心，我不甘心自己同样寒窗苦读，最后却平庸地过一生。别人口中甘如饴糖的安稳，对我而言却是砒霜毒药。"

那一刻，我心里也终于有了答案——我不甘心。

生命中可以有无数的挑战，每一次都需要我们认真面对。在琐碎的日常中，每一次的小目标构成我们的大梦想，我们只有努力去拼一把，才不会辜负自己。

我们好不容易来人间一趟，怎么甘心只落得一生平庸。那些安慰自己的，大概是不愿努力或是难以成功的借口，最后只能屈从于一生的碌碌无为。

所以，我亲爱的朋友，我想告诉你，我们必须为自己活一次，拼尽全力地为了梦想去奋斗，而不是用平凡来安慰自己的碌碌无为。

伍

能够控制时间的人，
才能掌控人生

所有偷过的懒，
都会成为打脸的巴掌

蓝羽

你努力了，成绩没有多大改观，这并不能证明你没用，更不能说明努力没用，而是代表你在弥补落下的部分，毕竟你总得为过去的懒散付出点代价。

一

"小凯，你跟我来！"下课后，我把小凯喊到办公室。小凯跟在我身后，垂头丧气的，完全没有了前段时间的斗志满满。

"说说吧！不是答应老师要好好努力吗？怎么今天又懒懒散散的？作业不写，上课走神，这样三天打鱼两天晒网可不行！"

小凯委屈地掏出一张皱巴巴的卷子："我努力了一个月，可是成绩却没有什么起色。那努力有什么用呢？或许我天生就不是个读书的料！"

看着小凯沮丧的模样，我将两个试管放在他面前，一个试管里几乎装满了水，另一个试管空空如也。在小凯疑惑的目光里，我递给他一只滴管和一个装满了水的烧杯："现在，用这只滴管给两个试管加满水看看！"

小凯虽然不明白我的用意，但还是拿起滴管忙活起来。第一个试管，小凯滴了几滴水就满了；第二个试管，他花费了更多的时间才勉强装满。

　　小凯小心翼翼将两个试管放好："老师，装满了！"看他的表情，显然没有明白我的用意。于是我耐心给他解释："其他同学就像第一支试管，而你，像第二支试管。"

二

　　小凯是个转学生，因为过于懒散，不爱学习，成绩很不理想，在原来的学校时常被老师批评，因此他变得很不自信，也更加不爱学习。他父母觉得，换个环境或许能对他有所帮助，这才替他办了转学手续。

　　小凯进了我的班之后，我很快就察觉到他的懒散背后，藏着的是不自信。为了让他重树信心，我和他交流了很多次。终于，小凯的状态变了，他开始努力上进，上课的时候认真听讲，作业努力完成，有问题也会及时找老师请教。但这种努力的状态，只持续到第一次月考之后。第一次月考，小凯的成绩很不理想。他好不容易树立的信心，一下子就被这个成绩击垮了。

　　察觉到小凯状态的异常，我立刻将他叫到办公室谈心，这才有了开头的那一幕。小凯若有所思地看着那两支此刻都装满了水的试管，似乎懂了什么，又似乎还有些迷茫："老师，我……"

　　我拿过那两支试管："本来别人已经努力了九分，就像这支本来就即将装满水的试管，而你从未努力，就像这支空着的试管。所以，你要付出比别人更多的努力，才能有追赶上别人的机会。"

　　小凯还是不服气："可我已经努力一个月了，却没有什么进步……"

　　我轻轻将他揉皱的试卷展开："你努力了，成绩没有多大改观，这并不能证明你没用，更不能说明努力没用，而是代表你在弥补落下的部分，毕竟你总得为过去的懒散付出点代价。"

　　"况且，你真的一点进步都没有吗？"我将那张试卷展平放到小凯面前，勾画出几道题目，"这些题，你原来能做对吗？"

小凯看着那张卷子，眼里渐渐有了光彩，脸上也多了笑容："原来我以前觉得很难的题，现在已经可以轻轻松松完成了！"

我将试管里的水倒掉："没错！这就是你的进步。你看，所有的偷懒都会付出代价，而所有的努力，也都不会被辜负！"

小凯开始动手帮我收拾桌子："那我偷懒那么久，现在努力真的还来得及吗？"

"当然来得及。"我又把那两支试管指给他看："你看，你用几秒钟的时间就可以装满第一支试管，却要用更多的时间才能装满第二支试管。但只要你坚持，总可以把它装满对不对？已经偷懒浪费掉的那些时光，我们找不回来，但是我们却可以用加倍的努力，去缩小差距！"

小凯最后是带着那张皱巴巴的卷子离开我的办公室的。那天之后，他再也没有放任自己懒散下去，而是一直在努力。起初，他的进步并不明显，但他再也没有因为进步缓慢自暴自弃。随着坚持的时间越长，他进步的速度也越来越快。到了高三的时候，他的成绩已经稳定在年级前列。高考的时候，小凯稳定发挥，考入了自己想去的大学。

作为优秀毕业生代表分享学习经验的时候，小凯与大家分享了两支试管的故事。最后，他感叹："所有偷过的懒，都会成为打脸的巴掌。可巴掌不仅会让人疼痛难忍、颜面尽失，也会让人及时警醒、迷途知返。只要你还愿意努力，随时开始，都不晚！"

有句话说得好："种一棵树最好的时间是十年前，其次是现在。"如果你已经因为贪图一时的欢愉浪费了时间，与其沮丧无措，不如奋起直追。也许你会比别人更加辛苦，可只要不放弃，你一定可以走向你想要的未来。

勤奋和积累，是通往大学的必经之路

雅玥凝馨

学习的本质就是极致的重复，坚持往往能有巨大的威力。勤奋、重复、大量的练习，是给每一个普通人成才的机会。

春日的黄昏，温暖的阳光透过薄云落在一方小院里，复古的铜黄色昭示着满满的年代感。小院里有很多三十多平方米的房子，而我的同班同学楠楠，恰好就住在这里。

一

高三的学习生活充斥着太多的浮躁与焦虑，其他同学的成绩多少有些飘忽不定，楠楠似乎很有学习天赋，成绩一直在班里名列前茅。我的学习成绩莫名地进入了瓶颈期，经老师推荐，让楠楠来帮我复习功课。我与楠楠约定，每周六去她家里，她带我系统地复习。

楠楠家的院子不大，房子看上去只有三十多平方米，还用帘子隔出一个十平方米的小空间，那是她平时学习的地方。空间虽小，却堆满了各种习题集。有些习题集被翻看过很多次，页与页之间还清晰可见胶带连接过的痕迹。

看到楠楠的家庭环境以及她朴素的穿着，又想到自己住着一百平方米的大房子，习题集更是从没做过第二遍，我心中一股优越感油然而生。我的成绩虽算不上有多好，最起码也是中等偏上水平。老师让她来帮我复习功课，不会是为了故意让我来体验生活的吧。心里虽然这么想，但还是不得不向她请教学习方法。

楠楠的学习方法其实很简单：每天早起背诵课文，平时做错的题，会专门做成错题集收集起来，还会找一些同类型的习题一遍又一遍地反复练习……

"没想到你竟然这么用功啊……"我虽然表面上不停地称赞她，其实内心对这种学习方法并不认同。为了应付老师，我不得不按照与楠楠的约定，定期去找她帮我复习功课。对于她讲解的内容，我也只是敷衍地回答着，左耳朵进右耳朵出，完全没往心里去。实际上，我还是按照自己的方法，只学一次，从不复盘。

楠楠依然坚持着自己的学习方法，一遍又一遍练习，从不懈怠。哪怕这道题她已经做得很熟练了，还是会找几道同类型的题目再去练上几次。

楠楠的模考成绩一次比一次有进步，高考时她更是超常发挥，以一个很高的分数，考入了期待已久的大学。而我的高考成绩却非常不理想，甚至都没达到我平时的模考分数。我神情沮丧，直到这时才恍然大悟。

二

和班里其他同学相比，楠楠与我的相处时间算是最久的。在开学之前，她便约我到家中吃顿便饭，简单庆祝一番。

黄昏时分的阳光依旧温暖如初，再次走进这个小院，我百感交集。这里可以说是我到过的最小的地方，当初没瞧得上眼的三十多平方米的小房子，如今再看，处处都透着不平凡。这里有一个女孩子，靠着勤奋和积累，即将步入期待已久的大学校园。

我对楠楠说我想复读，楠楠从书桌上拿起了一个笔记本，直接递到了我的手中，让我打开看看。

当我打开笔记本的那一刹那，我愣住了。每一页都是她一个字一个字整理出来的，不仅有每个学科的学习方法和重要知识点，还有需要拓展积累的知识点。里边还有不同时间段的复习计划，以及每天需要完成的学习内容。我一看计划开始时间，正好是我第一次到她家后的第二周。

我手里捧着那本日记，内心感慨万千，这都是我之前打心眼里瞧不起的东西，此刻却觉得比千金还重。我的眼泪不受控地流了下来。原来，从她与我约定好帮我复习功课开始，她就已经用了一周的时间，帮我制定好了全部的复习计划。只是我当时还觉得她不够聪明，甚至后来以"不适合"为由，再也没来过这里。

楠楠说："其实这本日记我很早就想给你了，我看得出，我们一起学习的那段日子，你一直都是在敷衍，所以我想，你应该不会需要这个了。"

"可我现在需要啊！"我将笔记本紧紧地抱在怀里，并给了楠楠一个大大的拥抱。

我永远都忘不了笔记本扉页上写着的那段话："学习的本质就是极致的重复，坚持往往能有巨大的威力。勤奋、重复、大量的练习，是给每一个普通人成才的机会。"

我带着楠楠留给我的宝贵经验坚持复读了一年，最终考入了理想的大学。

又是一个黄昏，我孤身一人再次来到了小院，夕阳的余晖如织锦般布满天际，温柔地洒向每一寸土地。这方寸之间，是我圆梦的起点。在我踏入新征程之前，我又回到了这里，为了更好的明天，努力拼搏吧！

学习太累，学不进去怎么办

红素清

> 这世上从来不缺少努力的人，缺少的是能坚持到底的人。千万不要小瞧别人的日积月累，这些努力到最后都会变成你们之间的差距。

春天里的寒流总是让一切措手不及，缤纷的花瓣在寒风中悄然落下，刚穿上绿色外衣的枝丫逐渐变黑，道路上的色彩只剩下电动车的外衣。

在诸多的外衣中，一辆粉色的电动车格外显眼，它本就是通身的芭比粉，外面又裹上了厚厚的同色系外衣，看起来特别可爱。车的后座上坐着一个穿高中校服的女孩，头上戴着芭比粉的饰品，饰品在她多次的瞌睡中摇摇欲坠。

终于妈妈在后视镜中看到了昏昏欲睡的女儿，她放慢了车速，喊了女孩的名字，女孩却毫无反应。

女孩叫佳佳，是一名高三学生。为了给她提供更好的学习和睡眠环境，妈妈让其选择走读，可是最近女孩经常坐在电动车的后座上打瞌睡，即便她已经将学习时间缩短了半个小时。

"这样不行，我去跟老师说一下，这段时间住校吧，这样你可以多睡一会儿！"从初中开始，佳佳就一直走读，每天都要比别人多出一个小时的通勤时间，连续近六年的坚持，妈妈知道她有多累。虽然学习很重要，现在也是关键时期，但是相比于健康，后者当然更重要。

"那怎么行，现在正是关键期，我可不能退缩！"佳佳突然醒了。当然，睡醒了不是她这时说出这句话的原因，而是因为她怕妈妈见到老师。

事情还要从高三的第一轮复习说起，那会儿佳佳是班级第一、年级第三，她对未来充满希望，学习也加倍努力。除了已经坚持六年的晚睡早起，她还把课余的每一分钟都利用起来，口袋里装了无数小卡片，写满了各种知识点，它们无时无刻不在她的手里出现。

那应该是佳佳最累的一段时间，可是结果却差强人意。那段时间，有一种强烈的无力感向她袭来，她明显感觉到自己的学习进入一个瓶颈期，如何也不能往前再走一步。她想快速迈过这个阶段，也曾认真分析过自己停滞不前的原因，后来矛头都指向一些综合性较强的习题，于是她把那些题集中到一起，准备专门攻克它们。可是她万万没有想到，攻克这些习题比她每天坚持晚睡早起、路上背知识点要累得多……

时间给予了佳佳很多回报，让她习惯了前脚付出后脚就能收获，可那些综合性习题仿佛一个洋葱，需要她忍着辣一层一层去剥开，才能看到里面的答案。那种感觉实在太累，与之前的累不一样，这种累带着痛苦，带着无力……

就在佳佳最无力的时候，同桌桌子上的一本书吸引了她，书的封面上写着"学会这五招，难题不再难"。她本来是不相信这些噱头很大的书目，可是内心的累打败了她，她拿起书翻开了，这一翻彻底将她的心翻乱了。

那是一本被同桌用幌子遮住封面的网络小说，虽然看到内容后的她第一反应是放下，可是她的心并未跟着手放下。

"没事，看书也不是什么坏事，就看一会儿，也算是放松一下，这样的放松总比玩电子游戏好！"佳佳说服了自己。幽默的语言、轻快的内容，彻底将佳佳吸引了，她将那本书带到家里，直到凌晨两点半看完才入睡。

之后的每一天她都会关注同桌的桌子，她发现那张桌子上永远放着一本"学会这五招，难题不再难"的书，里面的内容却在不停地变。作为每天最早来最晚走的同学，她像第一次一样晚上把那本书带回家，早上早早放好，她以为谁也不会发现。可事实证明她错了，她的成绩开始退步，不仅最后的综合性习题出错，连前面的题也开始出错。

此时的她早已不是学校的骄傲，也不是老师口中那个肯定能够考上重点大学的女孩。她的成绩从三个月前开始倒退，截至上次期末考，已经排到了九十九名，而这一切她的妈妈并不知道。

"没事，我底子这么好，大不了过一阵疯狂补回来就行了。"每一次佳佳在纠结要不要收手不看时，这句话就会冒出来欺骗她。

眼看佳佳就要跳出全校前一百名，老师非常着急，决定找家长谈谈。当时佳佳她找了一堆理由，再三保证会好好学习，才阻止了这次见面……她怕他们一旦见面，学校的"困"就会遇上电动车后面的"困"，这样她的秘密就会昭然若揭。佳佳无法接受一个三好学生因为看闲书而导致成绩一落千丈的事情被任何人知道，这是她心底不能触及的自尊。

可是书的秘密还是被老师发现了，当老师无意间拿起同桌桌子上那本书的时候，佳佳比书的主人还要紧张，她感觉自己的呼吸都停止了，脸涨得通红，做题的手僵在那里，仿佛在等待老师的审判。然而老师一句话也没有说，佳佳心里有些失落，其实她打心底渴望老师可以说些什么。

那个周一的班会课，老师破天荒没有讲考试和学习的具体内容，而是专门谈了压力，教了很多缓解压力的办法。那节课，佳佳的脸是热的，她感觉老师全程都在注视着自己，她甚至觉得那节课老师是专门为她而上的。

佳佳的妈妈最终还是找到了老师，并与老师聊了很长时间，佳佳不知道他们聊了什么。只知道从那之后妈妈对她的关心从衣食住行、习题学习扩展到了心理上，每天都会陪她聊会天，还会把自己在网上看到的一些缓解压力的方法分享给她，佳佳感觉到前所未有的温暖。

后来的日子里，佳佳前所未有的轻松，丢掉了闲书，写着知识的小卡片重新回到了她的口袋里，所有的精力又开始以学习为中心。她甚至专门为那些对自己来说最难的综合性习题做了一个归类，每一道做错的题，她都能找到至少十道相同类型的题附在后面……

之前那种伴着无力感的疲惫消失在佳佳内心的温暖里，这时她终于明白：原来阻止她跳过瓶颈期的不是习题本身，而是她的内心。错误的认知使她用看小说的累来代替了学习的累，结果累的感觉没有消失，反而变得更加沉重。如今当她调整心态，做好规划之后，一切都变得轻松踏实许多，就连头上的芭比粉饰品也没有再颤抖过。

伴着春寒的结束，佳佳迎来了新学期的第一次联考。成绩出来那天，阳光无比明媚，她看着红榜上自己的名字终于又回到了原来的位置，那一刻她的笑容比阳光还要灿烂。更让她骄傲的是，这一次她做对了一道以前总是出错的综合性习题，她知道属于她的春天也即将到来。

"这世上从来不缺少努力的人，缺少的是能坚持到底的人。千万不要小瞧别人的日积月累，这些努力到最后都会变成你们之间的差距。"

佳佳将这句话写在粉色的便利贴上，然后用玻璃胶紧紧封在自己的桌面上，她想一直看着这句话。

"沙沙……"熟悉的写字声时常在佳佳耳边响起，粉色的头饰也随着声音轻快地跳动着，属于佳佳的春天应该不远了……

别让拖延症，拖垮你的人生

李靖尧

如果你继续拖延下去，你的青春真的要被荒废了。能克制自己才是强者的本能，请你坚持下去，即使天资平庸也要永不放弃。

天空下着瓢泼大雨，书包里 80 分（满分 120 分）的试卷，让我的心情比天空还阴郁。不出意料，到家后，我就迎来了母亲劈头盖脸地训斥：

"天天写作业就知道拖，都上初中了，还那么吊儿郎当，叫你早点复习，你不听，非要等到快考试了才开始，结果呢，考试现原形了吧，我看你就是自找的！"

"你看隔壁家的小方和你一个班级，全年级第一，你呢，一天天学习学到半夜十二点，看着挺努力，结果呢，成绩一点没提高！"

听到母亲"善意的教诲"，我的眼泪止不住地往下流："你就知道拿我和别人比，我已经很努力了，可你就是看不到！"说着，我抹了一把泪，拎起背包，冒着大雨夺门而出。

我蜷缩着身子，紧紧地搂住自己，眼泪混着雨水，放声大哭。

为什么母亲要那么说我，我真的那么没用吗，以后是不是连考大学的资格都没有？

我不甘心，也不愿意被母亲质疑。于是，接下来的一个月，每天晚上，我都把自己"焊在"椅子上，从放学一直写到凌晨一点，比她口中的小方还努力。

没想到，再次月考时，数学成绩不仅没提高，反而退步了 10 分，我的眼泪瞬间决堤了。为什么会这样？难道我就不是学习的料？好像是这样，我一直就不优秀，从来不是"别人家的孩子"，就努力一个月，妄想拿到小方那样的成绩，快别做梦了……

可我不想放弃，才初中啊，老师不是一直说"不要自我怀疑，不要自我放弃，有时候遇到困难了，不是你不行，或许只是用错了方法，要永远记得未来可期"吗？

于是，我默默为自己打气：我知道我很普通，但我不愿甘于平凡，那就继续加油吧，再做快一点，再抓紧一点时间，会好一些吧？

随后，我撸起袖子，擦干眼泪，跑到小方身边，向她讨教学习方法。不愧是学霸，听完她的分享，我才明白差距和问题在哪里。

就拿作业来说。她告诉我，初中以后，作业量确实很多。这个时候，要先定个目标（考什么样的大学），让这个目标时刻来激励自己；然后将作业划分优先级，把重要紧急的科目放在最前面去做；再次，合理安排出每科作业的时间，并严格执行，不被任何人和事干扰；最后，每做完一项，要放松下，醒醒脑。

不得不说，小方说的每个建议我都结结实实地踩了坑。写作业不仅没有章法，想写什么就写什么。而且，每当看见比手掌还厚的作业时，还没开始写，我先泄气了。

墙上的闹钟响了，我猛然惊醒！不做作业，第二天就要被罚站，快抓紧写啊！那就先从我喜欢的语文开始吧，数学就放最后。

可还没过十分钟，就听见窗外有几个人在讨论一会儿去哪里吃夜宵，声音很小，却激起了我内心的涟漪：那肯定是街上的壹品烧烤店啊，味道正宗，口齿留香。我这样想着，思绪又跑偏了。随后，我又懊恼自己没有定力，怎么抗干扰能力这么差呢，怪不得我成绩这么差？经过一顿心理建设，我用半小时把语文写完了，看看时间，才晚上9点钟，还早，先看会课外书吧。这一看就陷进去了，等想起作业还没完成的时候已经10点了。

夜深了，万籁俱寂，时钟滴滴答答的声音显得格外刺耳。我的心突然就慌了，这么晚，还有好多作业没做呢。边想边在作业本上龙飞凤舞，等轮到数学作业，已经晚上11点，哈欠连天、昏昏欲睡的我，就差一张床秒睡。等写完全部作业，已经半夜1点。

就这样持续了一个月的时间。我自以为，我在努力学习，但听了小方的话之后才醒悟。原来，不是我的努力不够，而是用错了方式，努力掺杂着拖延，即使坚持一个月，也都是无效坚持。成绩后退只是表面现象，时间长了，估计还会出现更严重的问题，比如说数学成绩越来越差，信心不足，甚至失去学习兴趣等等。

为了不让自己继续拖延下去，我决定采用小方的建议。

我在书架最显眼的位置贴了一张目标大学的便签贴，附带历届分数线，还有2张图书馆和教学楼照片；又用15分钟把所有作业写在一张表格上，分别备注了学习时间和内容，其中，把最重要、紧急、困难的作业放在了第一位；考虑到自己总是轻易就被外界干扰，还特意备了一副耳塞，做作业的时候，往耳朵里一塞，什么声音都听不到了，特别安静。

虽然计划按部就班，但是，实施起来挺考验人。对我来说，最困难的作业当属数学，先做数学对我来说可谓是煎熬，中间也会抱怨作业多，也出现过不想做的时候，但当我发现距离下一项作业时间越来越近的时候，心里不自觉地产生了一种紧迫感，也正是因为这种紧迫感，让我逐渐不再拖延。

还有，平时没有戴耳塞的习惯，刚开始还觉得很别扭，时不时就要调节一下。后来时间长了，也就习惯了。尤其是写作业的时候，不被外界干扰，完全沉浸在学习的海洋里，平时2个小时完成的数学作业，1个小时就做完了，这让我第一次感受到学习的乐趣。原来写作业没有想象中枯燥，反而可以很奇妙！

尝到甜头，学习的劲头也就跟上来了，再加上后面安排的都是相对简单的科目，我做的速度就更快了，11点前，我写完了所有作业，还看了半小时的课外学习资料。

躺在床上的那刻，心都在扑通扑通地跳。这种和时间赛跑的感觉，让我觉得兴奋无比，还想要延续再延续！

等到月考如约而至，我先前的担忧和自卑消失了不少，考试过程中多了几分笃定和自信。成绩出来后，我的数学实现了飞跃，102分。拿到卷子的那一刻，我泪如雨下，长时间的努力终究没有白费。

后来，我也始终践行着这个计划，虽然中间也有无数次拖延甚至想要放弃的时候，但每次我都会盯着自己的目标大学，给自己加油鼓劲儿，不断调节状态，拖延冒一次头，我就打回去一次。

最终，努力和坚持没有辜负我，我给自己交了一份满意的答卷，成功考上了理想的大学。

回望这一路，我愈发明白了成长的意义。要解决拖延症这个问题，需要对症下药，不能一蹴而就。并且，我们要告诉自己，它是个反复的过程，或许你今天解决了，明天又会出现，因为人都有惰性，总想着舒服一点，而你要刻意拉着自己从舒适圈走出来，重新将方法拾起来，开启新一轮的自我激励之路。

如果你继续拖延下去，你的青春真的要被荒废了。能克制自己才是强者的本能，请你坚持下去，即使天资平庸也要永不放弃。

为何你一直努力，
成绩还是上不去

悦禾

如果你感觉自己处处不如人，那就对了，证明你在试图赶超别人。

表妹眼里闪烁着泪光，声音颤抖地对我说："到底要多努力才能考上大学？"她的话中透露出一丝绝望，但更多的是对改变现状的强烈愿望。她用期待的眼神望着我，仿佛在说："表姐，你是过来人，你一定有办法帮我的，对吗？"

其实表妹一直很努力，每次放假回家，都会带很多书回来。我看过她的学习计划，每天的时间安排得满满当当；我也翻过她的课本，里面写满了笔记。表妹这么努力，成绩应该不会太差，但是每次考试，每门成绩都在及格边缘徘徊，考上本科估计很悬。

在交谈中，我忽然发现了原因。表妹所谓带了很多书回家，只是把书带回家而已，从没翻开过；所谓列了很多计划，只是为了完成学校的任务而已；书上记了很多笔记，只是把老师的话记下来，从没主动思考过。很多时候，她以为自己很努力，其实只是她以为而已。

看到表妹的情况，我不禁回想起自己的高中时光，那时的我也曾有过类似的困惑和挣扎。

高中的时候，我特别喜欢记错题，几乎每一门课都备有错题本，把试卷出现的所有错题都记下来。每次翻开自己的错题本，别提有多自豪了。那一页页密密麻麻的字迹，记录着我在数学难题上的挣扎，物理公式的推导，化学方程式的配平，还有语文阅读理解中的那些微妙的感悟。每一道错题旁边，我都用不同颜色的笔迹标注了错误的原因和正确的解题思路。

然而在数学错题本里，同一道题，我已经记了3次，也就是说，同样一道题，我错了3次。我瞬间陷入了沉思，我为什么会错这么多次，我开始怀疑自己写错题集的初衷，我甚至产生了想放弃整理错题集的念头。

当时特别羡慕我同桌，只要她错过的题目，下一次再出现类似的题目，她基本不会出错。一天下午，我好奇地问她："你怎么做到以前的错误不会再犯的？"

同桌回复说："我有整理错题集的习惯。"

我很纳闷，因为我也在整理，但是为什么自己还在重复出错呢？我不好意思地问她："可是我也在整理，为什么还是会出错呢？"

记得当时同桌问我一句话，让我瞬间找到了原因。她问："你会复习错题吗？你多久看一次？"

我被她问得有些尴尬，心里不禁泛起一丝羞愧，因为我意识到，自己虽然在整理错题，但实际上并没有真正回顾过这些错题。尽管我每天都翻看错题本，但我可能并没有深入地去理解和消化每一个错误。我快速浏览错题本的行为，可能只是一种形式上的复习，并没有真正达到深入学习的效果。

我忽然意识到，我以前的行为多么自欺欺人。我的努力，只是感动自己罢了。

后来，我开始花更多的时间去深入理解每一个错误，而不是仅仅满足于快速浏览。我开始尝试在复习错题时，不仅仅是看，还要自己重新做一遍，甚至尝试从不同的角度去思考，看看是否能找到新的解题方法。这样坚持一段时间后，我发现自己进步很快，只要自己出错过的题目，下一次基本都不会出错。

突然想起作家李尚龙说过的一句话："看起来每天熬夜，却只是拿着手机点了无数个赞；看起来起那么早去上课，却只是在课堂里补昨天晚上的觉；看起来在图书馆坐了一天，却真的只是坐了一天；看起来去了健身房，却只是在和帅哥、美女搭讪。"

高中的我就是这样，看起来整理了错题集，却只是把题目抄在本子上；看起来每天背单词，却只是读了几遍而已；看起来每天熬夜写作业，只是坐在书桌前发呆而已。

我以为自己认真地整理错题集，就是努力学习；我以为自己把所有的学习计划完成，就是掌握了知识；我以为自己每天早起晚睡，就是充分利用了时间。但其实，真正的努力学习不仅仅是这些表面的行为，更是一种内在的态度和方法。

我把自己在高中这段经历分享给表妹后，她告诉我，她现在的状态就是这样，她觉得自己已经很努力了，成绩还是不理想。她甚至告诉我，为什么别人没有自己努力，每次考试都名列前茅，她觉得很不公平，她也怀疑过是不是自己还不够努力。

我也曾有过这样的疑问，为什么别人不如我，成绩却比我好？当你感觉别人处处不如你，那可能就是骄傲了，证明你已满足现状。如果你感觉处处不如人，那就对了，证明你在试图赶超别人。当我们只看到自己优秀，只看到自己的努力的时候，往往陷入了自我感动的陷阱。

很庆幸，表妹在距离高考 100 天的时候意识到了自己在假努力，而不是等高考结束才恍然大悟。高考前的觉醒，是一次及时的自我救赎，无论何时，只要我们愿意正视自己的问题，改变就有可能发生。

我们常常被自己的努力所感动，却忽视了努力背后的深度和效率。有时候我们总说自己很努力了，但是真的努力了吗？不要让假努力毁掉你的高中，因为高考不会陪你演戏。

停止拖延，是一个人最顶级的自律

风蒢乔

拖延的最大坏处不是耽误，而是会使自己变得犹豫甚至丧失信心。不管什么事，决定了就立刻去做，这本身就能使人生气勃勃，保持一种主动和乐观的心情。

——史铁生

高三那年，为了有更多时间复习，我和朋友突发奇想，约好一起去剪利落的短发。第二天，我俩都顶着一头被剪得十分潦草的短发哭笑不得，但我们能从彼此坚定的眼神中，读懂各自对高考这场"战役"的重视。

对于在农村长大的我来说，高考是一次改变命运的机会，一次重新选择自己人生的机会。那时的我，每天过着三点一线的生活，在教室、宿舍、食堂之间来回穿梭，每天的作息也十分规律，常常十一点多睡觉，六点左右起床去教室学习。

可是，坐在教室里翻动着书页、刷着题，看着黑板上不断倒数的时间，我的紧张也随之一天天加剧。我每天都过得像紧绷的弦一样，不敢有丝毫松懈，不敢浪费一分一秒。

一

月考成绩公布的那一刻，看着上面降了许多的排名和试卷上鲜明刺眼的分数，我感觉天都塌了，在教室里哭了出来。朋友走过来安慰我："你这次只是发挥失常，要相信自己，一次成绩不代表什么。"

我沉默地点点头，假装淡定地在心里安慰自己：对，这次没考好没什么大不了的，下次我一定能考好。我在心里默默立下目标：要比之前提前一小时起来学习，利用课后和晚自习刷完一整套理综的题目。

第二天天还没亮，我就匆匆洗漱，飞奔到食堂买了一份三明治，赶到教室背诵语文和英语的知识点，下课后又连忙开始写试卷。可是，我却常常还没写多久，一遇到比较复杂的题目，就会停下来做些其他事，心里想着：好难呀，我等会再继续写。

于是，我把目光转向其他科目的复习资料，不久后，又拿起老师眼中的"闲书"看了起来。我越来越排斥解题、做理综的试卷，害怕自己解不出，就这样把做了一半的试卷一直搁置着。

直到晚自习下课铃声响了，我也没有回宿舍睡觉的欲望，总觉得自己有事没做完，可是又没有动力继续做下去。这一周接下来的几天，我都是这样度过的，第一个到教室，又最后离开。

朋友见我总是很早出门，佩服地说："你最近好努力，起得好早，向你学习。"可只有我自己知道，我只是在"假装努力"，那些理综试卷，那些解不出的难题，我一直拖着没去做，总想着可以之后再找时间做。

二

有时，我也会意识到，自己十分矛盾，很想多抽出一些时间学习，弥补自己没考好的愧疚，但又常常"摆烂"，觉得复习也没什么用，不然之前那么努力，为什么成绩还会下降那么多。

那段时间，我晚上经常会焦虑得睡不着觉，一边为白天没有按计划学习感到愧疚，一边为还没到来的考试担心，甚至常常想着万一以后考不上大学怎么办。看着其他同学有条不紊地学习着、进步着，仿佛只有自己停在原地，我内心的失落感日渐加剧。

周末，我失魂落魄地挤公交回家，到站后，站在喧闹的街头，看着人来人往，恍如隔世。我刚一到家门口，妈妈就立刻开心地朝我招了招手，说："回来啦，饿了没？要不要煮碗面给你吃。"我只是有气无力地回答："都可以，不是很饿。"

以往的我，一回到家，都会嚷嚷着肚子饿，想吃一碗热腾腾的猪丸面汤。妈妈察觉到我状态不对，满脸担心地问："怎么啦？发生什么事了？"我支支吾吾地说："这次考试我考砸了，成绩下降了好多，感觉自己要考不上想去的大学了。"

妈妈温柔地注视着我，安慰道："没事的，别怕。不要有太大压力，平常心就好，太累了，就休息下。无论你将来会考上哪所大学，会去到哪里工作，妈妈都相信你可以好好生活。"

妈妈的话让我及时醒悟了过来，让我意识到原来自己的一再拖延，不是自己真的能力不足，而是内心发出的求救信号；不是自己真的想要偷懒，而是在重压下不知道该如何继续学习。

三

忽然想起史铁生的一段话："拖延的最大坏处不是耽误，而是会使自己变得犹豫甚至丧失信心。不管什么事，决定了就立刻去做，这本身就能使人充满信心，保持一种主动和乐观的心情。"我很庆幸自己能在高考前，及时意识到自己拖延的根源所在。

在那时日复一日拖延的背后，又何尝不是对自己的不自信、对未来的迷茫，不确定自己该如何继续走下去。我高估了自己承受压力的能力，低估了习惯的力量，在不断学习、疯狂刷题的过程中，我忽视了自己内心的感受。

当我清醒地意识到自己的能力边界所在，重新安排适合自己的时间计划后，我发现自己每天都动力满满，不再找借口拖延，而是尝试解题，实在解不出就向身边的人求助，问问同学或老师。

接下来的日子里，我不再因为内心的焦虑而拖延着不行动；也不再因为成绩一时的高低，而打乱自己的学习节奏；而是及时调整自己学习的方法，稳住自己的心态，按适合自己的节奏，持续地学习，不退缩，不动摇，也不拖延。

我的成绩缓缓爬升，名列年级前列，一切都在慢慢变好。最终，我考进了那所梦寐以求的大学，踏上了人生的新旅途。

我知道，自己的人生地图正在展开，而我会探索这未知旅途上的风景。未来无论是狂风暴雨，还是晴空万里，我都将坦然前行，不忘初心。

别让懒惰成为你未来的遗憾

金本

不要因为懒惰，而错过本该属于你的人生。拖延只会让你原地踏步，行动起来才能改变现状。

距离中考还有两个月，小六突然告诉我，他打算休学，理由是没跟上老师的学习计划，不如早点做准备明年再考。小六是我的堂弟，比我小几个月，我们一起上小学，一起上初中，不仅有相同的爱好，就连成绩也差不多，家人时常鼓励我们说："你俩好好努力，争取一起上高中。"等我看了他的学习进度才发现他落下好多，我问具体原因是什么，小六不耐烦地说："学习太难了。"

后来我才知道，小六其实是太懒惰。老师讲的知识他从不巩固复习，也不肯多花时间学习，导致很多题目不会做，作业也越来越拖延，严重跟不上学习进度，渐渐地产生厌学情绪。我试图说服小六不要逃避，应该先参加完中考再说，再说了勤能补拙呀！可是他态度坚决，就连他的家人也拗不过他，好在小六答应明年再考。

最终，我参加了中考，但是成绩下来，结果不理想。小六偷偷乐了，"你看吧，早知道考不上不如不考，还浪费时间"。但是在我看来，至少我多了一次考试经验。在我身边，中考成绩不理想的同学，一般会有两种选择，一种是务农或者打零工，另一种是复读再考。很多父母都觉得孩子太小，基本上都会劝孩子复读再考，如果第二年实在考不上再做决定，所以摆在我和小六面前的选择是一样的：复读再考。

开学在即，我很开心地去约小六一起复读，心想这次又要和难兄难弟在一起上学了，可是小六怯怯地说："如果复读还考不上怎么办？"我知道小六又在为自己开脱，一再追问下才告诉我实情。原来趁着暑假时间，小六去了洗砂厂打零工，赚了几百块钱，觉得打工赚钱比上学舒服多了。小六说，读完书还是要打工赚钱，所以也就懒得去复读了。

虽说在本该读书的年纪选择辍学打工赚钱，是个人的选择，但是，如果只是因为自己太懒惰不去读书而换作其他的事，这真的是人生的一种捷径吗？不会成为未来的遗憾吗？

一年后，我考上了高中，与小六见面，小六非常慷慨地请我吃牛肉面。小六的皮肤已经被晒得黝黑，穿着一身蓝色的工地服，很兴奋地告诉我，他现在在工地学开铲车了。我很纳闷，不是在洗砂厂工作吗，怎么又到工地去了？小六苦笑着说，洗砂厂考勤太严格，早上老起不来，所以就换了工作。小六又给我讲了许多工地上的事儿，我劝他在工地上别偷懒，争取多掌握一些技能和努力提高收入。

步入高中后，因为学业比较紧张，我平时很少与小六联系，后来听家里人说，小六因为在工地上旷工太多被辞退了，去了北京打工。我心里不禁有点唏嘘。

在进入高三的最后学习阶段，我除了每天不断地学习，就是为能否考到心仪的大学而焦虑，有段时间我都觉得压力大得喘不过气来。

周天的一个下午，小六来学校看我，拎了两袋我最爱吃的零食。说真的，见到小六的第一面，我差点没认出来，粗糙的皮肤根本不符合他的年纪，两只手上已经有了老茧。

小六请我去学校门口的一个饭店，点了几个我认为最贵的菜。"好久不見，小六，你这是发了大财啊！"小六呆呆地看了看我："发财？不至于。说真的，赚的都是辛苦钱。"小六跟我吐槽，他说去了北京才发现干啥工作都要学历，最后在老乡的介绍下去做搬运工，自己风里来雨里去也赚不了几个钱。

"唉，还是当学生好啊，以后你大学毕业了才是赚大钱！"二人边吃边聊，我顺道吐槽了自己学习压力大，很是担心考不上大学。小六听了后，停下夹菜的筷子，郑重其事地对我说："有句话，我老板送给我的，我这几年也很有感触，送给你——不要因为懒惰，而错过本该属于你的人生。拖延只会让你原地踏步，行动起来才能改变现状。"小六看着我困惑的表情，给我解释："当年要不是自己懒惰，做啥事儿都拖延，学习也不会差到哪里去，肯定也会选择复读中考，然后上大学。即使打工，如果勤快点儿，说不定现在也成了厂里的主力，或者挖掘机高手了，也不至于现在感觉自己一无是处。在学习上懒惰，成绩就会落下来，但是在社会上懒惰，只能被生活教训。"看得出，小六的确是发自肺腑地说这些话。

我突然想到了陶渊明的这句话："及时当勉励，岁月不待人。"是啊，小六和我同龄，在应该读书的年纪，却因为懒惰错过了学习的黄金时期，即便去打工，也错过了很多成长的机会，最终成了人生的遗憾。

在最后冲刺高考的日子，我将这句话当成座右铭。为了不一样的人生，没有理由懒惰，也没有理由拖延，时间花在哪里，收获就在哪里，最终我考到心仪的大学。也就在那年，小六又换了工作。

后来，我去外地上大学，等再次见到小六时，是我大四那年准备去深圳实习，抽空回了趟老家。小六在装修老家的房子，原本魁梧的身材略显驼背，干枯的头发被灰尘粘在一起。他见到我时咧嘴一笑，露出满嘴的黄牙："我准备过年结婚了。"小六显得有点不太自信，因为要准备结婚的钱，所以四处打工，现在钱存得差不多了，可以举办婚礼了，等结了婚再看去哪里打工。小六最后对我说："我现在很羡慕你啊，大学毕业，马上要去南方工作，听说那里的工资很高啊，我现在好后悔以前太懒了，错过好多机会！"

寒暄了一会儿，我就和小六匆匆结束了聊天。小六走了和大多数辍学孩子一样的人生之路：辍学、打工、结婚、生子……已经可以看到尽头的人生，而我的人生才刚刚开始。原本我俩的人生都是差不多的，小六只是因为懒惰选择了不同的人生，也错过了很多成长的机会，有些机会一旦错过就永远错过，终成未来的遗憾。

读书，会让你的人生有更多的可能，而懒惰会导致你未来的遗憾。人生漫漫，不要在该读书的年纪选择懒惰，更不要在读书的时候选择放弃，选择不一定拥有，但是放弃，注定一无所有。

陆

做三四月的事，八九月自有答案

所有的黑马逆袭，都不是偶然

杨青霞

不是所有的坚持都有结果，但总有一些坚持，能从冰封的土地里，培育出十万朵怒放的蔷薇。

"哇，你这次又是年级前列，真厉害！"小彭对着前桌阿杰说道，眼里满是羡慕。阿杰挠了挠头，有些不好意思地笑了笑："也没啥，就是运气好吧。"

坐在后排的小明听到这话时，心里一阵难受。他和阿杰初一的时候成绩差不多，甚至还比他好一点。可到了初二下学期，阿杰突然充满干劲儿，成绩直线上升，竟然稳稳地居于年级前列。老师说他是"突然开窍"，同学们议论他是"天赋好"，小明却不信——难道真有这么厉害的天赋，让人一下子超越了身边人？

如果你也觉得阿杰是突然好运爆发，那就大错特错了。每一个看似"突然"逆袭的背后，都有一段不为人知的努力与坚持。今天就和大家聊聊，阿杰的逆袭故事。

阿杰小时候并不是个聪明的孩子。刚上小学的时候，他总是慢半拍，其他同学学过的内容，他得复习好几遍才能勉强理解。父母对此很是着急，给他买了很多习题册，但效果并不明显，考试成绩总是徘徊在中游，老师对他也没有太多期待。父母无奈地摇摇头："这孩子，学业恐怕也就是这样了吧。"

阿杰一直被认为是班里"学习最吃力"的学生。别人一节课能吸收的内容，他得花一整晚的时间消化。因为总是答不出老师的问题，其他同学逐渐开始疏远他，有时还会嘲笑他"笨蛋""慢半拍"。那时的阿杰，虽然不太懂这些话的深意，但心里还是感到难过。他常常一个人坐在角落里，默默地翻着课本。

父母看到他孤独的样子很心疼。他们总是尽量温柔地鼓励他说："没关系，咱慢慢来，只要努力就一定会有进步。"阿杰把父母的话记在了心里。他每天放学回家后，都会在房间里安静地做作业，做完了就看课外书。尽管理解得慢，但他从来没有放弃过。他相信，哪怕自己真的很笨，只要努力，就一定能比昨天更好。

上了初中后，阿杰发现班里的同学都比自己优秀。那时候，他才真正体会到什么叫"人外有人，天外有天"。每次月考，他都成绩垫底，仿佛与年级前列的同学隔着一条难以跨越的鸿沟。

初一的阿杰，依然延续着小学时默默努力的习惯。每天回家做完作业，他都会反复巩固课堂上学过的内容。可他的进步依旧不明显。那时，老师对他说："阿杰啊，你已经很努力了，只要坚持下去，总会有好结果的。"

这一句话，让阿杰的心里生出了一点希望的火苗。既然别人也承认自己努力，那么他愿意继续下去，看看自己到底能坚持多久。于是，从初一到初二，他开始做一件"傻事"——每天早起半小时背单词，无论冬夏。早上六点，别人还在温暖的被窝里时，他已经起床，拿着英语单词表，在公园的小树林里一遍遍地读、背、默写。起初，他的发音不标准，有时遇到不认识的单词只能跳过。但他坚持每个周末去英语角和陌生人交流，慢慢地，他的发音越来越准，单词的记忆也越来越深刻。

不仅如此，阿杰还利用零碎时间去做阅读理解和语法练习。别人玩手机、打游戏时，他就拿着一本英语练习册，抓紧每一刻的时间学习。到初二下学期，他惊讶地发现，自己的英语成绩竟然逐渐有了提升。班主任特意在班会上表扬了他："阿杰同学的进步很大，大家要向他学习。"这一次的小小进步，彻底点燃了阿杰的斗志。

他开始在其他科目上也采取相似的策略：语文每天坚持写一篇读书笔记，数学每天做完老师布置的作业后再多做几道难题，理化每次考试后都会主动去请教老师，弄清每一个知识点的来龙去脉。他的笔记本上密密麻麻地记录着每一个题目、每一个解法，不断地总结、反思。

到了初三下学期，距离中考只剩下不到半年的时间。学校的氛围也越来越紧张，所有人都在为这场决定未来的考试而奋力拼搏。这时，阿杰做了一个"疯狂"的决定——他要每天比别人多学习两小时。

每天放学后，别的同学陆续回家了，而阿杰总是留在教室里，直到学校值班老师来催促他离开。他的母亲见状有些担心："阿杰，别太辛苦了，别把身体累垮了。"阿杰笑着说："妈，我没事的，我觉得我好像看到了希望，我想拼一把。"

他把自己的每一天都规划得满满当当：早上六点起床背单词，八点到十点做题，十点到十二点做错题整理……几乎没有一刻松懈。累了，他就在书桌前趴十分钟；饿了，就泡一碗方便面。有人劝他说："阿杰，别这样了，这样很伤身体。"他却固执地摇头："我还不够努力，我知道我还能做得更好。"

终于，到了中考那天，阿杰在考场上几乎一气呵成。他自信地答完每一道题目，心里竟然升起一种从未有过的轻松。考完的那天晚上，他第一次睡了个好觉。成绩出来的那一刻，全班都震惊了——阿杰以优异的成绩考上了市里最好的重点高中。

他的逆袭故事在班里传开，大家纷纷感叹："真是'黑马'啊！"可是，又有谁知道，这匹黑马的逆袭，并不是偶然。他的成功，是每天早起、每个深夜、每个孤独时刻的积累和坚持换来的。不是所有的坚持都有结果，但总有一些坚持，能从冰封的土地里，培育出十万朵怒放的蔷薇。

生活中，每一匹黑马的逆袭都源于背后的不懈努力。那些看似不起眼的点滴积累，终将汇聚成改变命运的力量。阿杰的故事或许只是千千万万逆袭故事中的一个，但它告诉我们：只要你肯坚持，愿意付出，总有一天，你也能成为自己的黑马。

逆袭从来不是天赐的幸运，而是坚持不懈的必然结果。未来属于每一个默默努力、用心追梦的人。你准备好，成为下一匹黑马了吗？如果准备好了，那就从今天开始，让自己比昨天多努力一点点，多积累一点点吧！未来的某一天，你一定会因为今天的每一个付出而感谢自己。

永远不说你是做不到的

林钰轲

任何成长都需要经历一段艰辛的过程，接纳这个过程也是成长的一部分。

"我们班还有谁没有报名，来自己举一下手，别让老师再一个一个查了！"讲台上戴着眼镜的班主任，一边打量着教室里面的学生，一边重复着这句话。随着老师眼神的不断游走，山河的头越来越低，此时她整个身子已经缩到了课桌下面，若不细致看，还真发现不了她。

老师说这是他们在学校参加的最后一次运动会，等步入高三，就再也不会有这样的机会了，因此必须全员参加，一个都不能少。

初听这句话的时候，山河很郁闷。作为一个普通得不能再普通的女孩，山河在班里是一个小透明，很多时候会被遗忘，可在她已经完全适应并且喜欢上这种感觉的时候，突然听到老师这句"一个都不能少"，山河想以前都可以少，为什么这次就不能少了，在她这还就必须得把自己少了。

老师的声音已经越来越低，视线也从后面回到了前面，山河眼看已经如愿以偿，岂料掩护自己的凳子突然倒了，这下别说老师，全班同学的目光都聚集到她身上了。她低着头，恨不得钻进地缝里。

"山河，还有一项……"老师走到山河旁边，看了看手上那个仅剩的运动项目，又看了一眼头低得老低的山河，声音又低了一个度"1500 米女子长跑"。不等山河回复，老师又问了班上的同学："有人愿意和山河换吗？"

所有女孩齐刷刷摇头，还不忘加一句："就山河吧，山河可以的！"

山河的脸涨红了，她平时有些贪吃，体型有些胖，为此她妈妈还专门要求她控制饮食。她这样的体型怎么能够去参加长跑，她觉得大家是故意想看她笑话，低着的头抬了起来，眼泪汪汪地看向老师："老师，我……我不行的！"

老师看了看山河，说道："怎么不行了，我觉得你可以的！重在参与，不要想着拿名次，只要跑完，就特别厉害！"

崩溃的山河找妈妈求助，想请妈妈出面让老师改变主意，妈妈却将这看作一个减掉体重的好时机。她没有帮山河推掉比赛，而是拉着她天天长跑，早晚各一次，从不间断，直到运动会的那一天。

谁也没有想到，那次运动会22个班，山河拿到了第五的好成绩。前800米的时候，山河一直是落后的，没有人看好她，可是1000米之后，在大家都进入疲惫状态时，她却因为这两个月的不间断练习反超了一个又一个的选手，赛场上的"加油"声越来越大，同学们看她的眼神里有了光。

山河不再是小透明了，变成了长跑女英雄。人一旦在一个地方闪闪发光，那么光也会照到别的地方，山河的学习得到了班主任的关注。

"山河，没看出来，挺有毅力的一个女孩，我们语文课代表有些忙不过来，我准备再找一个，就你吧！"老师还是以前的语气，山河还是以前的反应，即刻抬头："老师，我……不行的！"

"就你了！"老师不容山河选择。课代表都是班里成绩的佼佼者，山河一边发愁一边不停地去看语文书，她记得老师说过学习语文只要勤快就行。她给自己准备了一个小本子，正面写的是历年满分作文最动人的段落，反面是自己不会写的生字、认不准的字音，以及一些需要理解和背诵的东西。每天晚上熄灯之前，她都拿着那个本子站在走廊上，一边背一边写……

　　高二期末考，山河的语文成绩由原来的 100 分出头变为 136 分，全班第二。老师将毫不吝啬的欣赏和表扬送给了她，山河从此喜欢上了语文。

　　高三那年，班上的学习委员转到了外地上学，老师再次叫来山河："山河，学习委员你来担任吧！"山河傻眼了，连连摆手："老师，我不行的，这次是真的不行！"

　　山河总算比上次多了一句话，不过多这一句也没有用，老师只是微微一笑："你可以的，有什么困难，找老师，我会让各科老师都关注你的学习！"

　　这次山河感受到了前所未有的压力，因为她的数学成绩一言难尽，加上她大部分的课余时间都用来背诵了，虽然取得了一定成绩，但是她必须还要继续坚持才能保持，若是再加上数学，那么她觉得自己一定会崩溃的。

　　崩溃比山河想象中来得要快，如班主任老师所说，各科老师都开始关注她的成绩。数学老师也不例外，上课总是提问她，她不太会，有的答案甚至会惹来同学们的笑声。她本就不会和同学交往，这下心里更加难受，她感觉数学老师就是在故意针对她这个"德不配位"的学习委员。

　　每天的学习已经非常辛苦，山河的时间被排得满满的，再加上心理的负担，山河终于在一次被同学们哄堂大笑之后崩溃了。她哭着去找班主任，不要再当这个学习委员。

　　"怎么，被同学笑了心里不舒服了？是不是还觉得我故意针对你了？"山河这才注意到数学老师也在办公室里，被说中了心事，山河有些不好意思。"你是不是觉得你现在过得比谁都艰辛啊，可是成长哪有不艰辛的。山河啊，你要记住任何成长都需要经历一段艰辛的过程，接纳这个过程也是成长的一部分。"

　　这是数学老师第一次对山河说了这么多提问之外的话，在这个小小的办公室里，山河能够察觉出这位老师的良苦用心。她第一次抬起了她早已习惯低下的头，缓缓地走到数学老师那里，真诚地说了一声："谢谢！"

　　数学老师扶了扶自己的眼睛，拿出书本，仔仔细细给山河讲了那道她刚才不会的数学习题，山河听得格外认真。

　　往后的日子里，山河依旧不停地被数学老师提问，只是教室里的笑声慢慢消失了，取而代之是她数学卷子上那不断上升的分数。

　　"任何成长都需要经历一段艰辛的过程，接纳这个过程也是成长的一部分……"山河将这句话深深埋在心底。那句"老师，我不行的！"她再也没有说过，她还告诉自己，以后无论在任何时候都不会再说这句话，因为只有永远不说你是做不到的，你才有可能做到。

迟到的花，照样怒放

陈思

为什么有的人会突然努力？那是因为在某一个当下，他幡然醒悟，在自己不思进取的日子里，原本和自己同行的人已经走得很远了，再不追就来不及了。

一

小时候，我常常坐在河边的岩石上等妈妈回家。妈妈在落日的余辉下穿越那片山菊花丛向我走来，一片片淡紫色的山菊花在她穿行而过时迎风轻摇。那时我曾经盼望自己快快长大，我梦想长大后的自己能很美丽，美丽得像九月里山野间绽开的第一朵山菊；我梦想长大后的自己很恬静，恬静如秋日清晨山菊花芯上的第一颗露珠；我梦想长大后的自己能很清醇，就像那滋润山菊盛开的，从古老山林中汩汩流出的第一股清泉。

七岁之前，我基本不在人前说话。因为再小一些时，我一说话，别人就叫我"大舌头"，所以我索性闭嘴不言。为了不让村里的孩子跟在我身后叫我"小哑巴"，我都是一个人玩。河边是我最好的去处。我坐在那里听河水叮咚流向远方，听风轻吟着卷起垂柳，看河水中的落叶被裹挟进一个个漩涡。我觉得自己像一只迷航的小船，被风浪冲到了一个无人的小岛上。我在小岛的周围圈起栅栏，让自己长成一株默默无闻的野菊花，期待有一天，能宣誓自己的盛开。

做三四月的
事，八九月
自有答案

二

十八岁时，我已经离开家在小城读高三。那一年，我突然生了病，头发大把大把地脱落，脸上起了大片大片又黄又红的脓包。中医给了我一堆绿色的药粉，要我每天抹在脸上。班级里一些男生，看到我那又红又黄又绿的脸，开始窃窃私语。我听到他们在后排争论，"是红脸的关公""不对不对，是绿脸的张飞叫喳喳""啊，又秃头又花脸"……然后是有同学提醒他们不要说的"嘘"声。

走在路上，我觉得每个人都在看着我笑，每个人都在对我指指点点。我希望像小时候一样，找一个安静的地方躲开。我放弃了高考，退学回家。

在那个本该灿烂盛开的花季，我却听到了心底花苞凋零落地的声音。

三

病好后，我留下一脸重重的黑斑。离开了校园，我必须要养活自己。我去城里找了一份做市场调研的工作。我终日穿梭在明晃晃的阳光下，穿梭在城市已经安静的夜色里，也穿梭在人流如织的那一片浮华中。只有当深夜终于可以躺在床上时，我才能闭起眼睛感受自己的疲惫，释放忍受了一整天的委屈。

市场调研需要每天跑不同的地方，访问不一样的客人。我不知道公司为什么录用我，但我知道每一个我访问的客人都会盯着我的脸看，露出或好奇或不适的表情。那份工作很辛苦，因为想找到愿意配合的客人并不容易。

一天晚上我需要做几份入户访问的问卷。我从一楼爬到八楼，敲了十几家的门，不是被拒在门外就是被呵斥一通。我想算了，还是回去吧。我在楼下望了一眼各个窗口的灯光，每一束灯光都溢满了温馨。我咬了咬牙，告诉自己再去试最后一次。于是我爬上楼，敲响了下一户的门。屋里传出一个阿姨和善的声音，她打开门，听我说明来意，请我进去。阿姨笑眯眯地说："一看你就

155

是旁边大学的学生，能考上这个大学真了不起。"我没有勇气解释，我甚至享受起那份心底溢起的虚荣：做一个大学生，原来是这样美好。

差不多二十分钟的访问结束，离开前，阿姨看着我的脸欲言又止，因为她帮了我，我也只好回报以宽容的微笑。阿姨终于说："孩子，你这脸是不是起疮留下的斑，很多年前，我也留过这样的斑，过几个夏天就会好。平时我不让陌生人进家来，但刚才从猫眼里看到你是个这么好看的大学生，我就想告诉你，脸上的这种斑能好。"

四

那晚我又看到了那个露宿在城门洞里的断臂老人。有时路过，我会把自己剩下的面包送给他。那天我第一次拿出十块钱给他。老人看了看我笑了，他说："我不要你的钱，你看，我有钱。"他从口袋里摸出一叠钱给我看。他说："姑娘，你每天这么晚骑车路过，不怕吗？"我说我要赚钱。老人说："你没有上学吗？"我说我的脸坏了，所以我不能上学。老人扯了扯自己断臂的衣袖，说："你的脸严重还是我的胳膊严重？"我嗫嚅着："这不一样……"老人说，之前在厂里，钢条掉下来，他和小王都断了一只胳膊。他觉得天塌了，每天在家里抽烟喝酒，把工资花个精光。小王来找他一起用赔偿金办一个加工厂，他嘲笑小王一只胳膊还想登天不成？几年后再见到小王时，他已经成了有名的企业家……老人说："姑娘，好好上学吧，不要被同学落下太远……"

我迎着风骑行在夜色中，回味着老人的故事，突然明白，为什么有的人会突然努力？那是因为在某一个当下，他幡然醒悟，在自己不思进取的日子里，原本和自己同行的人已经走得很远了，再不追就来不及了。

五

走进复读的校园，我开始学着抬起头。我昂着头穿梭在充满活力的同学中间，昂着头微笑着倾听同学们的询问，也昂着头回应着别人紧盯我的目光。我重复着每天三点一线的生活，像上足了发条的闹钟，认真地不辜负每一秒。

我发誓，要让自己成长为一株野菊花，即使在迟到的九月，也要照样怒放自己的花朵。

岁月无声滑过，如今，我已大学毕业多年。在生活的波折中，我在不知不觉和无可奈何中被磨掉了很多棱角，也磨掉了很多灵性。然而我依然希望有一些东西能在灵魂深处永远保持鲜活和年轻，比如善良，比如真诚，比如像野菊花一样傲视风霜的豪情和坚韧风骨。它一直在提醒我，要努力生活、善良待人，即使默默无闻，也要绽放自己的花朵，流传自己的清香。

你见过母亲羡慕的目光吗

路平

好好努力吧，不要让自己的妈妈，羡慕别人的妈妈。

我的母亲是一个地地道道的农民，因为识字不多，对于学习上的事情，她没有过多的干涉。只要我坐在书桌前看书，她心里就觉得很欣慰。但是，她不知道的是，我高中很长一段时间，坐在书桌前，打着灯是在看闲书。

那个时候的我，表面上是别人眼里勤快懂事的女娃娃，只要周末放假回家了，就会去田里帮父母干活，空了还会给父母做一顿可口的饭菜。但外表的懂事，却掩盖了我学习上的放纵，当时父母并未察觉。当别人还在为不会做的难题发愁时，我却羞于努力，遇到不会做的题目就放任之，只挑着自己会做的做。

我也一度以为，我的整个高中生活都会这样下去，直到有一天，我参加了邻居哥哥的升学宴，我改变了对于学习的态度，也读懂了母亲内心对于我的殷切希望。

一

以前就听母亲讲过，这个邻居哥哥以前初中的成绩并不好，在班上属中下游，又很调皮，当时老师都觉得，他再这样下去，连高中都会考不上。为此，他的母亲经常为他的未来而担忧。后来他的成绩突然上去了，考上了县城的重点高中，现在又考上了重点大学。

而他的母亲成为大家羡慕的对象，村里很多人都想向他的母亲请教学习的秘诀。他母亲都说不知道，说男孩子可能就是突然间就长大了吧，想要学习了。

那个时候，对于母亲说的这个事情，我并未放在心上。当时的我也觉得，有些人就是会读书，像我这样，样貌平平，脑袋平平的，哪里会有那么厉害？

直到那天在邻居哥哥的升学宴上，看到周围的街坊邻居以及他的亲戚，对他和他父母投来赞许的目光，尤其是他的母亲，脸上洋溢着幸福的微笑，我的内心泛起了阵阵涟漪。再转过头，发现在安静的角落里，我的母亲眼神中透露着羡慕，也更像是一种寄托，或许母亲希望，有一天，我也能够像这位邻居哥哥一样，成为她的骄傲。

但，很快，母亲发现我在看她，眼神中露出了一丝丝躲闪，似乎是担心我的努力不及她的期待，也不想给我增加太多心理压力。

有那么一刻，我想对自己说："好好努力吧，不要让自己的妈妈，羡慕别人的妈妈。"但，也只是那一个瞬间。回到了熟悉的学校，我依然是那样的放纵。那些难解的数学题，以及难懂的英语，还是困住了我，让我想努力却不知道如何下手。

二

那个时候的我，一边想着努力，一边又在为自己不知道该怎么去努力而困惑。看着小说，偶尔听着同桌聊八卦，但是升学宴上那一幕幕的场景，还是会像放倒带一样，在我的眼前闪过。我的内心，还是想着要去改变这样的现状，虽然知道很难，但是想去尝试，去突破我的舒适圈。

想到了就立马去做，我当时能够想到的就是邻居哥哥。刚好，他高中毕业了，会有一些空闲时间，加上他性格比较内敛，比起问我的同班同学，也更不容易暴露我的学习水平。从我母亲那得知，这个邻居哥哥毕业后，为了减轻家里的负担，就去县城做暑假工。

与邻居哥哥取得联系后，他说周末可以给我辅导作业。那一刻，我才突然明白，原来自己想做一件事情是可以去做到的，虽然这只是个开始。

后来，出于好奇，当然也是为了让自己更有动力去学习，我问邻居哥哥："初中的时候，你是怎么突然之间成绩就上去的？"

他说，其实也不是突然。他向我讲了自己的经历：

读初中的时候，有一次跟母亲去亲戚家做客。那天，在外地工作的表哥也在家里。之前就听母亲说过，这个表哥特别优秀，读书的时候成绩特别好，高中毕业后，考上了重点大学，之后又顺利考上了省里的公务员，现在是单位的业务骨干。

那天跟表哥见面之后，我发现他确实如母亲说得那般优秀，谈吐得体，同时又充满了智慧。但表哥的母亲，也是我的姑姑，她赞美自己儿子的同时，却不时地对我唠叨，在她眼里，像我这种差生，人生似乎就没有什么希望了。

本来我准备伸手去拿我桌边的零食，她却用异样的眼神瞟了我一下，让我不寒而栗。向来不喜与人争执的母亲，那天却当着众多亲戚的面，站出来为我说话："我儿子读书成绩不好只是暂时的，他只是还需要点时间，这不代表以后的人生都是如此。"

那一刻，我就在心里暗暗发誓，一定要为了母亲好好读书，也是为了给自己争口气。从姑姑家回来之后，我就变了，我开始把心收起来，把更多的时间花在了读书上面，不再跟那些爱玩的伙伴捣乱了，也懂得了父母的不容易。过了一段时间，我的成绩慢慢就有了进步。后来，老师也把更多的注意力放在我的身上，让我更有动力去挑战更难的题目了。

再后来，也是如你们看到的那样，我考上了重点高中，现在考上了自己喜欢的大学，圆了我的梦想，也让母亲能够在人前昂首挺胸了。

听了邻居哥哥的一番话，我不由得想起了我的母亲，那天邻居哥哥的升学宴上，母亲也同样对我饱含着殷切的希望，我也不想让她失望。

三

经过邻居哥哥几个月的耐心辅导，我的成绩较之前有了很大的进步。人就是这样，当有了正面反馈后，就慢慢地有了动力。而我也慢慢地发现，那些曾经我不愿意攻克的难题，不是我不能，而是我不愿意。我不愿意花更多时间在上面，因为比起轻松看小说，做题不仅难，还无趣。

可是，当我沉下心来，再去看曾经的那些难题时，发现也不过如此。尤其是有一次，我在专心做数学题的时候，发现母亲看我的眼神，与之前我背着她偷偷看小说时的眼神大不一样，眼神中多了一丝赞许和欣慰。那一刻，我觉得，自己付出再多都是值得的。

后来，我如愿地考上了理想的大学，我也如邻居哥哥一般，让母亲在人群中得到了大家的赞许，让她不再羡慕别人的妈妈，她的女儿有一天也可以做到。

努力不只是为了让母亲不再羡慕别人，但是至少，可以让自己对得起自己的心。不要在本该努力的时候，选择了安逸，不辜负父母，更不要辜负自己的人生。因为有时候，你遇到的这些困难，当你静下心来解决时，并不像你想象中那么难。

难走的路，从不拥挤

陈妥

世界上从不缺努力的人，缺的是努力到底的人！

一

中考倒计时的夏天，南方小城的空气都是热的。阳光洒在操场上明亮得刺眼，教室里闷热且躁动，黑板左侧的计时表十分醒目，硕大的一张张排名榜总是第一时间张贴在后方的公告栏，而我的成绩一如既往得惨不忍睹，在后段徘徊。

"我们能一起上高中吧！"

最好的朋友小言站在我身侧，一起看着一模考试的排名。三模后即将迎来中考，三年来我们的学习成绩不相上下，一路走来互相安慰，互相鼓劲，如果运气好的话也许都能上普高线。

"能吧。"

我无所谓地笑笑，其实心里一点底都没有。

"拼命吧，努力最后五十天！不靠运气靠实力！必须上高中！"

小言指着我们前方不远的高中分数线，眼里都是斗志。

晚自习铃声响起，身边的同学们很快进入状态专心在做题、背笔记。教室里除了头顶上电扇卖力转动的声响，只有翻书动笔的动静。他们顺理成章收获着优秀的成绩，肯定都能考上理想的学校。

我也想上高中呀，想和同学们一起憧憬心仪的学校，不管是百分之几十的升学率，我都想挤进去，顺利升学是能看到的最光明的未来。

课间小言不再找我聊八卦了，在食堂吃完饭也很快回教室去默写冲刺资料，晚自习她也开始去走廊找各科老师解决难点。我跟随她的脚步默默较劲，坐公交车会记知识点，晚上不完成当天的计划不睡觉，早上闹钟一响就爬起来洗把脸，边听英语资料边吃早餐。分数开始缓慢地增加，五十天里一天都没敢泄气。

憋着最后一股劲考完三天，浑浑噩噩睡了几天等待着中考的审判，我们俩惊险地踩在最末档的分数线考进了同一所普通高中，分在了不同班。

二

"高中又是新的开始，我们一起努力。这次从高一就努力，同学们的分数都差不太多，只要肯努力，我们就不会再垫底。现在不在一个班没关系，努力上本科，还考同一所学校！"

站在高中校园新的跑道上，小言再一次鼓励了我，同时也给自己定下了目标。

"行，一起努力，从第一天就开始努力，上本科，还考同一所大学！"

初中徘徊在后段的滋味并不好受，我们期盼着在高中翻盘。

开学后的第一个月，我像冲刺中考那样对待学习，要背的单词我下课背、自习背，试图扎扎实实记下来。数学好难，上课努力做到不分神，各种题型去认真理解、反复琢磨，每一门功课都认真对待。

第一次月考如约而至，分数却狠狠给了我一巴掌，这个月的努力毫无回报，成绩依旧没什么长进！周末回家我躲在房间痛哭出声，明明这一个月已经付出了我全部的努力，为什么一点收获都没有！

我提不起之前的状态去努力，成绩自然继续往下滑。小言却没有放弃过，铆足劲跟学习死磕，她相信只要她努力，坚持下去，就一定可以一次次超越自己。

高中的假期很少，期末考试后的寒假，小言来找我玩，兴冲冲地给我看她的成绩。

"你看，比初中好了，不再是最后的那一波了。努力学习是有用的，我们还有五个学期，每个学期都稳稳地进步一点点，肯定能上本科的，说不定还能考上一个不错的大学！"

小言的成绩刺得我眼眶发涩，她进步了，她居然真的摆脱了落后！看到我的眼泪落下来，小言又一次安慰我，她以为我跟她一样一直在努力，只是暂时没有起色。

"你这次没考好吗？没关系的，我们的高中才刚刚开始，你看我们的成绩一直差不多，你继续努力也一定会好起来的……"

"努力没用，我的努力没有用，第一个月那么努力，一点进步都没有！大家都比我好，还都一样在努力，没有谁会突然下来腾个位置给我。学习这条路太挤了，我挤不过，我进不去！"

我朝着小言吼了出来，不知道在发泄什么，也不知道在害怕什么。

"有用，努力有用，坚持努力更有用，我这个学期的成绩就是证明。我不仅要用这次期末考试来证明，我还会用高考去证明。陈陈，世界上从不缺努力的人，缺的是坚持努力的人！我们不仅要做努力的人，还要做坚持努力的人！你敢不敢跟我试两年半，不去挤谁的位置，只管走自己的路！"

小言的眼眶也红了，跟我一样大吼出声，她指着手机里目标的分数，坚定地看着我，那是我们要去的方向。

做三四月的事，八九月自有答案

三

我隐约知道这是我最后一次机会，我不想失去这样一个好朋友，我也不想失去本可以更好的人生。

我知道小言说的是对的，在求学这条路上，不存在挤谁的位置，只管走好自己的路。分数在那里，分数线也在那里，只要拿下一个个知识点，只要试卷上是正确答案，没有谁能拦住我们去往理想的方向。

就从那一天开始，我沉下心来，甚至不在乎周考月考的成绩波动了，只跟一个个单词较劲，跟一个个知识点较劲，按部就班走自己的路，往前，往前，一往无前。

一个个死磕过的单词会逐渐变成看得懂的阅读理解，一次次突破的知识点会顺利解锁一道道题型。我不知道变化是怎么发生的，但是量变就是会带来质变，每一次进步都带来新的体验和新的视野，仿佛整个人的学习能力都在不断全面升级。

一点点的进步，逐渐增加的分数，慢慢往上攀爬的名次，直到高考终于如愿以偿，我和小言都没有失约，虽然不在同一所大学，但我们都考上了非常理想的大学！

原来，竞争再激烈的高考，千军万马要过的独木桥并没有那么拥挤，只管认真努力对待当下每一刻，尽力走好每一步，所有的付出都是算数的。学习就是一条拥有更好人生的捷径，通过努力去到更好的学校就是我们能给自己人生最有力的加持。去努力，去努力到底，去咬牙坚持到底，去看看我们能闯到什么程度！

难走的路，并不拥挤，因为坚持的人太少，我们只管走自己的康庄大道，踏足之处，必将是坦途！

一个草根学子的逆袭之路

游楚琼

你考的不是试，而是前途和暮年的欢喜。你桌面上的书本，是将来做选择的意气和拒绝时的底气。

凛冽的寒风呼呼咆哮，它们睁大自己的双眼，不放过每一个可以钻进的空隙，那还未修缮的窗户是它们最喜欢的地方。窗子里面坐着一个 10 岁的小女孩，她的脸被风吹得通红，可她好像并不觉得寒冷，仍旧趴在窗子前那个破旧的桌子上写着作业。

这个女孩叫张子薇，由于家庭条件格外艰苦，她很早就体会到了生活的苦，也明白学习的重要性。她曾说"两年前我就知道读书与不读书的差别"，她还说"想要改变家里的困境，就得学习，至少机会来了能有勇气去抓住"。

很多人在看到这个短视频的时候都被她的话深深震撼，大家都说很难想象，一个只有 10 岁的小女孩就对读书有这样清晰的认知。然而这样的震撼也并非每个人都有，比如那个叫晓凡的孩子。

只有体会过生活的苦，才能懂得学习的意义。晓凡的家有着完整的窗户，可是老旧的窗棂总是很难开关，每次一动，都会发出咯吱咯吱的声音，像是一张已经卡带的旧唱片，让人听了有些不舒服，晓凡就是生在这样的环境中。他自小就知道生活不易，而他的父母常年在外，不停地为生活奔波忙碌。他们对晓凡学习最大的关心仅限于父亲电话里的："我们这样的家庭，面朝黄土背朝天，家里除了几亩庄稼地能勉强填饱肚子外，已经没有多余的收入。如果不读书，以后你的人生要怎么办呢？"

晓凡不属于天资聪颖的孩子，记东西不快，老师讲的内容也并不是听一遍就能够完全理解的，加上父母不在身边，家庭作业没有人辅导，他的学习成绩一直处于不上不下的中等水平。他喜欢听那些靠知识改变命运的故事，因为他渴望自己也能靠知识改变命运。

可是由于成绩不太理想，他并没有考入非常出色的中学，更让他难受的是在这个不怎么出众的中学，他的成绩也不怎么出众。看着那个不变的分数，看着那越来越靠后的名次，他在心底不停地反问自己："难道我真的就这样了吗？难道我的命运真的不能靠知识改变？"

他的问题，同学给了他答案。那是一个和他情况差不多的孩子，可是他靠着自己的勤奋努力，一点点超越别人，让分数越来越高，成绩越来越好。晓凡生平第一次鼓起勇气去找了那个同学，向他请教学习方法，希望自己也能像同学那样。

同学指了指自己桌子上厚厚的试题，又拿出那本厚厚的积累本，上面密密麻麻写满了需要背诵的文科知识点，淡淡地告诉晓凡："也没有什么捷径，无非就是多花时间拼搏一下！"

晓凡被这句话点醒了，他先从文科的知识入手，每天晚上的灯下多了晓凡的身影……

在那些背诵性知识有一定突破之际，他开始着手突破理科。作业、卷子上的错题，他全部抄写一遍，没有钱买资料，就趁周末去图书馆把类似的习题抄下来，借同学的资料去抄……虽然方法笨，但是他抄题抄得很认真，倒是较好地辅助了他的审题，审题能力在这个阶段取得了突破性的提高。

如此坚持一段时间下来，几次考试成绩出来，晓凡已经完成了从量变到质变的突破。之后的每一次考试，名次都在不停地提升，从之前的班级倒数，到中考的时候已经排到全校第三名，晓凡终于顺利考入了当地一个很不错的高中。

这是无数个挑灯努力与坚持的结果，其中付出的辛苦和经历的困难，让晓凡一度累得喘不过气。但是这种身体上的累却让晓凡在心里尝到了甜蜜，他说这不是累，是播种，播种总是会有收获的，他爱上了这样充实的生活。

九月份，晓凡拿着通知书踏入了重点高中的大门，他站在学校门口，望着门楼上的那几个大字，觉得它们是那样亲切。他闭上眼睛，享受着初秋那不急不缓的微风，微风里他想象到自己坐在高中的教室里继续努力拼搏着……

晓凡不知道最终自己的结局是怎样的，但是他知道那个叫张子薇的女孩的结局。她在全县统一的考试中，三科全部都考到了满分，获得了全县第一的好成绩。后来，她又幸运地被公益组织选中，资助她到大城市去读书。

阳光透过窗户照在教室里，教室的窗户很大，也很严实，开起来更没有咯吱咯吱的声音，任寒风怎样凛冽，也钻不进去，它只接受阳光的洗礼。坐在里面的学子正在埋头苦学，沙沙的写字声此起彼伏……

有句话说得好："你考的不是试，而是前途和暮年的欢喜。你桌面上的书本，是将来做选择的意气和拒绝时的底气。"晓凡将这句话写在便利贴上，然后贴到他的桌子上，时刻激励着自己。

那年的期末考，晓凡考到了班级第五的好成绩。

那天在全班同学的注视下，晓凡只是礼貌地点了点头，眼神中满是谦虚和坚定。他知道他是要靠知识改变命运的孩子，这点成绩还远远不够。不辜负时光，才能不辜负自己，他要马不停蹄，继续努力，在不断前行的路上，去书写属于自己的人生。他要用读书去见这个世界的广阔，他要用读书去坚定自己的信念，从而选择自己喜欢的生活方式。

唯有读书，才能让我走出十里深山

凉月满天

我要开始与自己赛跑了，终点没有花环，没有胜利者的名字被宣读，奖励给我的是：奔赴我向往的生活。

世界纷繁复杂，每个人都有自己的生命故事。对于我来说，读书是最神奇的笔，勾勒我的过往与而今，引我探步未知的来日。

小时候家里很穷，父母皆不识字，所以书在我家没有一丝一毫的位置。有一天，我被娘用来铰鞋样子的一张彩色硬纸画报吸引，上面有一朵晶莹剔透的天山雪莲，虽然纸张破旧了些，但是它真的好美。

随后我看到了那本被撕得破破烂烂的《中国画报》，是邻居大娘家的儿子当兵时从外边拿回家的，被大娘用来铰鞋样子的同时，也被我娘撕了一张回家铰鞋样子。

那里面是我不曾见识过的广大世界。我的世界原本只有连绵不断的群山和山间蜿蜒的小路，还有小路尽头那座破旧得只有两间教室的小学。小学里的石头凳子和石头桌板好凉，到了冬天，骨头都冰得发疼，手上和脚上生着冻疮，采麦苗熬水，却怎么都洗不好。

画里面有那长着红脸蛋的少数民族姑娘，有壮阔的黄河和长江，有一望无际的黑土地，有遥远得让人想想都绝望的远方。真的，特别绝望，因为我这辈子可能都不会走出这片大山。

　　小山村里的每个人都在十里深山繁衍生息，那个年代，除了当兵，没有谁能走出去，也没有谁敢走出去。

　　但是，我开始很认真地认字、学习，因为当我认识到世界如此广阔之后，我们学校唯一的一位老师，同时也是校长兼任教务主任、后勤主任，每天早晨给我们敲钟、捅开煤火，晚上再把煤火盖上、把教室门锁好的老民办教师，有一次跟我们说："如果你们能够好好读书，将来考出去，就不用在大山里像驴拉磨一样转圈。"

　　我觉得我的眼前最高处，哐当一下子，就被开了一扇窗子。

　　窗子后面是外面的世界，我想要出去，就要顺着高高的梯子爬上去。

　　于是，我开始很艰苦地努力。

　　别的小伙伴们有的身体健硕，早早就辍学帮家里养牛养驴，赶着它们上山种田去；有的长得好看，又早早地被家里人给定了亲，嫁给山外人家。我这样身体孱弱、营养不良，耷着一头黄毛的小丫头片子，除了用功读书，好像别的也干不了什么了。

　　我认的字越来越多，读的书也越来越多，我的老师把他不多的藏书都慷慨地借给我看，其中甚至有一本但丁的《神曲》。此前我甚至都不知道何为"天堂"，何为"地狱"。而且我也没有读懂它说了些什么，就是莫名地觉得诡奇。

　　读得最多的，也背诵得津津有味的，是那些灿如满天繁星、美丽不可方物的诗词曲赋。比如"一川烟草，满城风絮，梅子黄时雨""无意苦争春，一任群芳妒。零落成泥碾作尘，只有香如故""风也萧萧，雨也萧萧，瘦尽灯花又一宵"。我的天哪，我的心都被它们泡软了，湿嗒嗒，像一片平趴在水面上经受密雨斜侵的干荷叶。

　　再后来，我考上了我们本地的第一中学，是我们乡九个村中唯一一个考上的学生，也是我们村这么多年来的第一个。大家一定觉得我太幸运了，没有人觉得这家的黄毛丫头该当考到山外，因为她实在是看起来呆呆的，似乎一点都不聪明。而且已经有人张罗着想要给我说媒了，说的是同村的一个爱光膀子打架的青皮小伙子。我娘很坚决地拒绝了。

我不知道山乡外的世界那么大，原来一拧水龙头就可以出水。教室那么宽敞，窗户那么明亮，取暖用的那种粗粗的铁铸的暖气片，我都不知道是什么东西，还在悄悄地纳闷为什么教室里没有煤炉子。

三年的中学生涯，我学得很苦。因为基础打得实在一般，第一次物理摸底测验我只考了 16 分，所以成绩远远谈不上出类拔萃，但是我得一点一点把成绩提上去。我必须考出去。

于是，天资平平的我，拼了命般地学，考中了一所师范学校。

让人惊喜的是，它比高中更大、更新、更豪华，还有一座大大的图书馆！里面的书呀，我一眼望过去，幸福得眩晕。

就是在这里面，我读了巴金的《家》《春》《秋》三部曲，读了老舍的《四世同堂》，读了《红楼梦》《儒林外史》《乱世佳人》《雾都孤儿》……时至今日，我好像仍能闻到图书馆里那种飘着粒粒微尘的、有些陈旧书味儿的空气。

我狼吞虎咽，我饥不择食。

我不知道这些有什么用，但是就像饿汉面对肥鸡大鱼，就是想吃。

事实证明，我吃得好，吃得对。

毕业后，我被分配到一所小学。讲台下面坐着的，是一群像当年的我一样衣着陈旧的学生。时光在我们这里好像总是过得很慢，外面日新月异，我们一如既往。讲课之余，我也给学生们读书。读那些古今中外的壮志凌云、悲欢离合的好故事，读那些用一个个的方块字组合而成的美得不可方物的诗与词。如同下雨，总会有人的心田被打湿，里面浸着一粒名叫"希望"的种子。

时至今日，我已经通过自学考试，一步步拿到了专科证书、本科证书，然后又通过考研考了出去，如今在一家省级的文保单位工作。父母皆已故去，十里深山成为我回不去的故乡。我也不必再担心被随便嫁给谁，困在哪个深井里出不来。

读书的习惯不变，只不过因为眼睛近视度数比较深，为了保护视力，以听书为主了。

感谢现代科技，让我不必再辛苦地一个字一个字地捧着书读下去。我可以用手机去听书了，闲来无事，一边听书一边散步，看天上流云飞卷，看地上小猫小狗，真是人生乐趣。

而这份乐趣，是我要开始与自己赛跑了，终点没有花环，没有胜利者的名字被宣读，奖励给我的是：奔赴我向往的生活。

柒

将来的你一定会
感谢现在的自己

命运不会亏欠每一个努力的人

竹一

生活不会亏待那些愿意努力的人。你现在所吃的苦、受的累、踩的坑，到最后都会变成黑夜里那一道耀眼的光，照亮你前进的路，成就未来更好的自己。

以前读书的时候，我常常会想，为什么大人总是要我们好好学习？读书到底能不能改变命运？

高中毕业十多年后的现在，大家都步入社会，走向了工作岗位，好像对于那时年少的疑问，已经可以给出一个答案了，那就是读书会改变命运，因为命运不会亏欠每一个努力的人。

一

读书的时候，大概可以分为两种人：一种是天赋型同学，聪明伶俐，思维敏捷，好像随便学学各科成绩都能接近满分；另一种是普通型同学，学习需要靠坚持不懈地努力和认真付出，才能勉强和天赋型同学成绩不相上下，如果努力得不够，就只能成为不受老师同学关注的中等生，又或者因为学习太苦或者太怕努力过后依然得不到自己想要的成绩，直接放弃努力、放弃学习、放弃自己，在学校混日子，毫无方向地虚度人生中学习能力最好的时期。

高中同学陈文属于第一种天赋型同学，是学校里重点培养的清华、北大的苗子，即使他不写作业、在自习课溜出去打球，班主任和各科老师也不会过于责怪他，而他的成绩也总是在年级前列。大家好像都莫名地达成了一种共识，他足够聪明，即使不需要努力也能有不错的成绩。当然，这种天赋型同学在班里只是少数，大部分还是像我们这种普通型同学，更多是通过努力来弥补和有天赋的同学之间的差距。王栋就是我们班那种努力型普通同学，普通的是性格和成绩，不普通的是他的努力与坚持，自习室里最常见的就是他的背影，他往往是来得最早、走得最晚。

如果努力可以具象化，那大概就是我们交出的高考答卷。大人们都说高考是千军万马过独木桥，是人生的第一个分水岭，而这个分水岭把陈文和王栋分去了一边。陈文的独木桥没有过好，王栋则认认真真走完了属于自己的独木桥，他们都去了一所双一流大学，只是陈文去了北京，王栋去了西安。这个成绩让大家第一次意识到，即使是天赋型同学，如果不努力，在关键时刻也可能失去机会；即使是普通型同学，如果努力，也可能会拥有和天赋型同学一样的平台。

不过，我们大多数人依旧习惯性地认为，去北京的陈文可能会发展得更好，毕竟他那么聪明，去的又是北京。

二

高考不是结束，只是人生的另一个开始。步入大学后的两人也开始了不同的大学生活。

爱玩的陈文在大学释放了天性，再也没有老师和家长在旁边耳提面命地说"虽然你很聪明，但是不能松懈，要努力地冲一冲呀"。他经常和朋友约着一起打游戏，享受着自由自在的大学生活，日子过得好像特别轻松快乐。

努力的王栋在大学依然不敢放松，更是抓紧一切时间用来学习专业知识，身边的同学甚至都要劝他"放松点，大学不用那么努力的，想读研大四可以再考嘛"。他目标很明确，以后要继续读研，所以大学的每一年他都要打好基础。

春来夏往，很快大学四年就结束了，他们俩也迎来了不同的人生方向。陈文毕业后从北京回到了我们高中所在的那个县级市，他开始创业，开了一个补习班，教授自己最擅长的数学。王栋也凭借着四年的坚持努力，以优异的成绩保研去了南京的一所双一流大学。大家都有美好的未来，一个利用自己擅长的数学思维，去培养更多优秀的学生；一个按照自己既定的目标一步一步地努力，去探索更专业的学习。

面对两种人生方向，我们有时候也会想，努力的差距对未来的影响真的大吗？很快七年又过去了，现实给了我们答案。陈文的培训机构已经开不下去了，他现在经过同学推荐，入职了当地的一家公司，开始成为一名普通的职员。王栋的研究生读完了，又继续读了导师的博士，毕业后顺利留在了南京，成了一所大学的老师。

三

高中毕业多年后的今天，我们常常感慨，对于我们这些西北山区的孩子来说，读书真的是能够改变命运的最好路径，如果你肯坚持不懈地努力，你的未来真的会有很多可能。生活不会亏待那些愿意努力的人。你现在所吃的苦、受的累、踩的坑，到最后都会变成黑夜里那一道耀眼的光，照亮你前进的路，成就未来更好的自己。

有时候也会想，陈文会不会觉得遗憾，如果他当年多一点努力，会不会众望所归地考去清北，如果他大学不放纵自己，是不是还能发挥天赋去更好的学校深造，未来是不是有更广阔的发展前景，能够为社会做更多的贡献？

　　更神奇的是，高中同学里读博的人并不是最聪明的那一批，大多数是那些有一点聪明又足够努力的人。他们一如既往地发挥着前十几年那种努力拼搏的精神，坚持占领自己一片又一片的知识领域，最终打下了属于自己的一片天空。生活不会偏爱任何一个不劳而获的人，也不会辜负每一个默默努力的人。如果在本该学习的年纪，选择了一条轻松舒适的路，那未来的人生总是要为当时的虚度而买单。

　　生活、学习甚至工作中总有太多人说"我不行""来不及了""要是我以前努力点……""我努力了但是还是不行"，想想那些奥运冠军所面临的那些难以承受的身体和心理压力吧，我们所面对的恐惧、所付出的努力，有比他们更多吗？

　　人生也是一场和自己的竞技体育，需要自己去一点一滴地争取。如果我们自己都不在乎、不努力，谁还会在乎你的未来呢？虽然不是每一次努力都会成功，但是每一次努力都会成为未来幸运时刻的伏笔，你只管努力，时间会给你答案。

三年只是弹指一瞬间

韦文忠

贪睡的人总是在梦醒时分，羡慕别人已一骑绝尘。

残阳如血，映红了西边天际的晚霞，炊烟四起，晚霞灿然。爷爷家的院子里，充满了欢声笑语。透过稀疏的篱笆，我隐约看见长辈们围坐在一起，聊着家长里短。他们谈论着儿女的成就，谁的孩子考上了重点大学，谁的孩子工作好，谁的孩子成绩优异……言语间不无自豪和期待。

而我的母亲，总是静静坐在角落里，极少参与其中。年少的我，只以为母亲喜静，瞅了一眼，就继续沉浸在小说的世界里。从未想过，母亲的沉默里，藏着多少对我的前程的担忧。

对于我的学习，母亲一直很少干涉，只要我手里有书，母亲就高兴。然而我的母亲从未了解过，她眼里手不释卷的女儿，其实并不爱学习，不过是沉迷小说罢了。别人的青春，奋斗不息。我的青春，在看小说、聊八卦中呼啸而过。

如果从未见到文静的母亲和姑妈的那场争吵，我想我的整个高中生涯，依然是在小说里醉生梦死。不求上进的我，哪里懂得埋头苦读，哪里能读懂母亲对我的殷殷期盼，又哪里会迎来璀璨的前程呢？

一

那是我上高一的时候，爷爷办 70 大寿，姑妈也从远方赶来祝寿。姑妈算是爷爷最有出息的孩子。而她的儿子，我的表哥，也是小一辈里的佼佼者，姑妈也一直以表哥为荣。

我和母亲一到爷爷家，姑妈就拉着母亲极力夸赞她的儿子。表哥的优秀和我形成了鲜明的对比。

当时正拿着手机看小说的我，头一回觉得小说也不是那么吸引人。我诧异地抬头，没想到看着优雅的姑妈，说的话让我感到十分羞愧。而姑妈似乎觉察到我的目光，她用异样的眼神扫了过来。

然而，我没想到，处处与人为善的母亲，那天却当着所有人的面，为我据理力争："三百六十行，行行出状元。我女儿也只是一时成绩没提上来，她的以后一样有无限可能。"

姑妈的话，让我颜面无存，但母亲的话，更让我羞愧难当。一直以来，我都以老师要求多看课外书为借口，理所应当地沉迷小说，只顾眼下享乐，绝口不提专心学习。

如今回想起，每当别人炫耀孩子成绩好、上重点学校时，母亲总是游离在外，有时还小心地瞅着我，眼里暗藏着担忧。那时我不明白她在愁什么，而此刻，我终于读懂母亲深埋心底的愁绪，她是担心我的未来啊。

回家的路上，母亲看着我失魂落魄的样子，轻轻把我搂在怀里，语重心长地说："孩子，每一朵花，都有自己的美，工作也没有高低贵贱之分。无论你将来做什么，专注做到最好，就是成功。我希望你努力读书，不过是希望你将来有选择的权利，而不是被迫谋生。你的工作能给你带来成就和快乐。"

母亲的话，给了我启发。从那一刻开始，我暗自下定决心，一定要专注学习，拼一个好前程，让母亲为我自豪。

二

从爷爷家回来，我将所有的小说封存起来，卸载了手机上看小说的软件，只管埋头学习。整齐干净的书桌上，没了其他杂书的干扰，我发现专注学习并非我想的那样难。

母亲看到我的变化，眼里也有了光彩。她更是为我折了一盒小星星。每一次我认真伏案学习时，第二天总能收到一颗"专注小星星"。母亲无声的赞扬与支持，让我动力满满。那些曾经枯燥无味的课本，也变得生动有趣起来。

或许是多年阅读小说的习惯，让我有了足够的耐心和定力。当我拿出读小说的劲头来学习，枯燥的课堂也成了通关打怪兽的有趣过程。如此，专注学习虽难，但也其乐无穷。

鸡蛋从外打破是食物，从内打破是生命。当我发自内心地专注学习，认真听课，课后及时复习巩固，我发现曾经以为很难解开的难题，也能迎刃而解。此后，我更是爱上了这种升级打怪似的攻克难关的感觉，铆足了劲埋头苦学。

锚定目标不放松，事情才能做完；孜孜以求不懈怠，事情才能做好。我深知，与其毫无目的、白费时间去凿许多浅井，不如找准方向，用同样的精力和时间，深挖一口井。而高中三年，我只管深耕学习这口井。

每天早上六点半，我准时到教室，开始背单词、晨诵；中午趁着午睡，我抓紧时间默背语文课文；傍晚匆忙解决了晚饭后，争分夺秒地背政治理论；晚上下了晚自习，在床上蒙着被子算数学题……

星光不负赶路人，时光不负有心人。我的刻苦钻研，赢来了丰硕的果实。经过两年多的努力，我的成绩突飞猛进，各科老师也更加关注我。

而此时，我唯一的短板，只有英语一门。一模时，我的英语成绩是110分，距离满分150分，还有一定的距离。

成绩刚出来，英语老师把我领到她的办公室，意味深长地对我说："你知道吗？一只木桶盛水的多少，并不取决于桶壁上最高的那块木块，而恰恰取决于最短的那块。长板要突出，但短板也要有上线，别让"短板"葬送了你的前程。"

听懂了英语老师的言外之意，我重新调整学习计划，在保证优势学科的同时，专注提升英语成绩。除了吃饭睡觉，我所有的课余时间，几乎都用在了学习英语上。哪怕是上厕所，也对着暗黄的灯光，默默地背着单词。我那小小的卧室，从门到墙，再到桌面，目之所及，密密麻麻的都是单词和短语。

贪睡的人总是在梦醒时分，羡慕别人已一骑绝尘，他们或许未曾领略过另一种截然不同的景象——你见过凌晨两点半的街道吗？街道上一片寂静，仿佛整个世界都陷入了沉睡。路灯昏黄的光晕下，偶尔有几只夜行的猫儿，悄无声息地穿梭在阴影中。远处，偶尔传来几声狗吠，打破了夜的宁静，却又很快被吞噬在无边的寂静之中。

高考前的那段时间，我发了疯似的点灯夜读，凌晨后的夜晚，成了我最好的陪伴。所幸，一切努力都不会白费，我的英语成绩也不再是短板。高考时，我以优异的成绩，考上了理想的大学。

如今，大学毕业的我，有了一份自己喜欢的工作，前程似锦。我无比感谢那个曾经埋头读书的自己，更深切地体会到，即便是枯燥无味的课本，沾染的全都是希望与未来。专注学习吧，低头是书本，抬头便拥有了光明的前程。

种一棵树，最好的时机就是现在

杨青霞

当你觉得为时已晚的时候，恰恰是最早的时候。

古语有云："十年树木，百年树人。"种一棵树，最好的时机是十年前，其次就是现在。这句话不仅适用于植树，更可以引申到我们生活中的许多方面，尤其是在读书和学习这件事情上。读书，不仅是为了应对眼前的考试，更是为未来的生活做准备，是为未来的自己争取更多的选择。虽然眼下的你可能没有意识到这一点，但那些选择往往会在你未来人生的重要时刻里，决定你能走多远、做些什么。

我从小就是一个爱玩的小孩。小时候，常常因为玩耍耽误了学习，直到期末考试前夕，才匆匆翻开课本，希望能够"临时抱佛脚"渡过难关。那时我总觉得自己聪明，短时间内多看看书、做几道题，也许就能考个不错的分数。但每次考完试后，看到那些成绩优异的同学，我才意识到，原来在我玩耍的时候，别人却在不断努力学习，而他们的成绩远非我能轻松赶上。

有句话说："你可以拒绝努力，但你的竞争对手不会。"这是我后来才真正体会到的。学习这件事，从来不是在某个节点可以一蹴而就的，它更像是种一棵树——需要从现在开始，逐步积累，日复一日，才能在未来的某个时刻结出果实。而读书，就是为未来的生活和人生积累更多选择的种子。

讲到学习的坚持和积累，我想起了北宋著名历史学家、政治家司马光的故事。司马光小时候并不聪明，但他有着超乎常人的毅力和恒心。据说他小时候记忆力不好，家里的大人们常常担心他将来学不好。然而司马光不服输，他立志一定要用努力弥补天资的不足。他每天坚持读书，不论寒冬酷暑，日复一日，最终通过勤奋和坚持成为北宋的一代名臣。

司马光在史学上的成就，也来自他在年轻时的努力。《资治通鉴》是一部极为庞大的史书，记录了从战国到五代共 1362 年的历史。这部书的完成，靠的就是他日复一日地学习、积累与思考。如果他当年没有种下那颗努力学习的"种子"，没有在年轻时把握住时机，那么他绝不可能在历史和文学领域取得如此成就。

司马光的故事告诉我们，不论你现在觉得自己多么普通，只要你从现在开始学习，从现在开始积累知识，你的未来就会拥有无限的可能。学习是给你的未来提供选择的过程，司马光选择了勤奋，最终他用自己的人生书写了光辉的历史。

民间流传的"愚公移山"故事或许大家都听过。故事中的愚公面对家门口的大山，没有选择逃避，而是下定决心要把大山挖掉。他的毅力和坚持最终感动了天地，神仙派来神力帮他搬走了大山。愚公的精神体现了一个朴素的道理：有些事情不可能一蹴而就，但只要你从现在开始，不停地努力，终究会有所收获。

学习和读书，正如愚公移山一样，不是一朝一夕就能看出效果的，但每一天的积累，都会在未来为你带来更广阔的选择。如果你今天拖延、懈怠，想着"明天再努力"，那么未来的选择就会离你越来越远。愚公并没有因为大山的庞大而放弃，而你面对知识的海洋，也不应该因为一时的难度和辛苦而停止脚步。

说到这里，我不禁想起自己的故事。小时候，我和许多人一样，觉得读书无聊且枯燥，认为等到需要的时候再学也不迟。可在初中的某一次经历中，我意识到我错了。

那是一次数学竞赛，当时我并没有准备，因为觉得自己平时成绩还不错，应该能轻松应对。然而，当我真正坐在考场上时，却发现试题难度远超我的想象。考试结束后，我和同学们一起讨论题目，才知道原来很多人早已为这场竞赛做了长时间的准备。那些我觉得难以理解的题目，对他们而言竟是信手拈来。

当时我感到十分挫败，明白了一个道理：学习并不是等到最后关头再"冲刺"就能成功的。那些同学的从容和自信，源于他们平日里一点一滴的积累。虽然我当时感到后悔，但那也是一个转折点，我意识到，如果我想在未来拥有更多的选择，现在就必须开始付出努力。

从那之后，我下定决心，每天都给自己设定学习目标。虽然一开始效果不显著，但随着时间的推移，我逐渐感觉到知识在脑海中扎根，学习的内容也变得不再困难。我体会到了读书带来的成就感，而这种成长最终带来了更多的选择。正是这些"种下的种子"，让我在之后的学业和工作中能够更加游刃有余。

我们生活在一个竞争激烈的时代，读书的意义不仅在于获取知识，更在于为你未来的生活争取主动权。有人说，未来的世界属于那些愿意学习、持续成长的人。如果你选择停下脚步，你的竞争对手却仍在不断前进，那么时间终将让你与他们的差距越拉越大。

回到我刚才提到的竞赛的例子，我之所以输得那么彻底，就是因为我放松了对自己的要求，而那些坚持不懈的同学却一直在努力。这就像一场赛跑，如果你在途中停下来休息，别人自然会超越你。学习也是如此，时间不会因为你的懒惰而停滞，反而会让那些坚持努力的人变得更强大。

　　读书是为了未来有更多的选择和机会。你不读书，未来的路会越来越窄；但若你现在努力，学习新知识，掌握新技能，才有广阔的未来。随着社会竞争加剧，时代发展飞速，如果追不上时代步伐，终将被淘汰。

　　就像种树，最好的时机就是现在，学习也一样。虽然短期内看不到成果，但只要坚持，未来的你会感谢现在的努力。不要等待明天，今天就是你最好的机会。当你觉得为时已晚的时候，恰恰是最早的时候。现在种下的每颗"种子"，未来都会带来收获。

　　从今天开始，珍惜时间，不找借口，努力耕耘，去迎接未来的无限可能。

读书与不读书，
十年后的区别有多大

高雪艳

当你觉得读书无用时，不妨走出去看看：凌晨一点的工地，工人还在汗流浃背地工作；凌晨两点的菜市场，摊主们在讨价还价；凌晨三点的早餐店里，店员已经开始准备食材；凌晨四点的马路，环卫工人已经开始走上街头。他们为了生活拼尽了全力，但你仍然还有机会，又凭什么不努力？

在某个夜晚，你可能会不禁问自己：读书的意义究竟是什么？尤其是在面对学习中的瓶颈与压力时，这个问题尤为尖锐。但当你走到人生的十字路口时，会突然意识到，十年前的选择往往决定了十年后的你。此时，读书与不读书的差距便会显现得淋漓尽致。

一

在一个遥远的国度，有两条并行的河流，它们从同一座高山上流淌而下。初时，这两条河流看似没有什么不同，都在欢快地奔腾向前，拥抱着山间的风光，映照着阳光的金色光辉。然而，随着时间的推移，它们的命运逐渐分岔开来。

其中一条河流，似乎更急于前进，每当它遇到阻碍，总是想尽办法绕开，或者直接冲破。在这无休止的急流中，河水携带了大量的淤泥和杂质，随着奔腾，淤泥在河道中慢慢堆积。最初，这种变化并不明显，河流依旧流动，似乎没有任何不妥。然而，随着时间的推移，河道变得越来越窄，水流也变得浑浊不堪，河水再也看不见最初的清澈。它已经失去了力量和方向，疲惫不堪地在狭窄的泥淖中挣扎。

而另一条河流，虽然在前进的路上也遇到无数的障碍，但它从未急于求成。每一次遇到巨石或深谷，它并不绕开，而是通过冲击和磨砺，慢慢地将障碍化为自己的一部分。每一次激流过后，河水的杂质都被冲刷干净，水质变得更加清澈。尽管前进的道路艰难且曲折，但它的流向始终坚定。经历过无数弯曲与阻碍后，这条河流终于冲出群山，流入了宽阔的大地，奔向了浩瀚的大海。

这两条河流就像是我们的人生。放弃读书看似拥有了更多的自由与快乐，实则如同那条被淤泥阻塞的河流，终会失去前进的动力和方向；而那些坚持读书的人，虽经磨砺，却如清澈的河水般，在知识与经验的积累下，最终流向更加宽广的未来。

请你相信，尽管当前的你还不够优秀，但通过持之以恒地读书，你一定会变得越来越强大。而那些放弃读书的人，则只能被困在狭小的生活中，坐井观天。

懒于努力，不愿吃读书的苦，那生活就一定会让你吃尽苦头。

二

王强十六岁那年，毅然决然地选择辍学。他总觉得，读书不过是浪费时间，最后无论如何，大家都要出来打工挣钱，早点步入社会，反而能更早独立。他怀着"早出来挣钱就是成功"的心态，进入了广东的一家电子厂，开始了工人生活。

刚进厂的日子，王强觉得自己做了最聪明的选择。流水线的工作虽然单调，但包吃包住，一个月四千多元的收入让他感觉"财务自由"了。看着还在学校苦读的同龄人，他自豪地告诉自己："他们还得问家里要钱，而我已经可以给家里打钱了！"每天，他站在流水线上装配手机主板，心里想着下班后怎么好好犒劳自己。

可是，随着时间的推移，王强渐渐发现工厂的生活并不像想象中那么美好。每天从早到晚的工作几乎没有喘息的机会，甚至连上厕所都要申请"离岗证"，不然就要被罚款。半年的时间里，他感到身心俱疲，每天只是机械地完成任务，生活毫无色彩。很快，王强决定辞去这份工作，开始寻找新的出路。

然而，在外面找工作时，王强才意识到，没有学历，他连很多职位的面试资格都达不到。工厂普工是门槛最低的工作，而那些更轻松、工资更高的职位，总是要求学历和技术。面对现实，王强第一次后悔了自己当初的选择。

没过多久，他便无奈再次进入一家大厂，工作环境稍好，工资也高了一些，但根本上和之前也没有太大差别。车间里暗无天日，工作压力巨大，让他始终处在压抑的状态中。一年又一年，他在不同的工厂之间来回跳槽，始终无法摆脱那种辛苦劳作却得不到提升的困境。

反观昔日的同学，他们走了一条截然不同的道路。经过几年的辛苦读书，他们陆续考上了大学，有些人进了知名公司，有些考上了公务员。王强从同学群里得知，曾经的玩伴已经在职场上逐渐站稳脚跟，而自己还在为生计奔波。每当看到那些昔日的伙伴讨论工作晋升、生活规划时，王强的心中总是五味杂陈。

王强曾经看过一档节目，很受启发：一位富商被要求体验两天的环卫工生活。一开始富商特别自信，认为只要自己愿意，就一定可以变成强者。谁知连轴转的工作，让他每天只能满足于填饱肚子，至于那些充满斗志的将来，早已被他抛在脑后。是啊，对于一个没有学历、没有技术的人来说，想要轻松的生活是十分困难的！如今，他正在亲身体验着这一点。而那些曾经以为的"自由"和"早日挣钱"，都已变成了压抑和无尽的重复劳动。

十年后的今天，王强回想起自己16岁的选择，心中充满了后悔和懊恼。他曾以为，辍学出来工作就是早早实现独立，可如今他才明白，总以为读书很苦，可它却是人生中最轻松的那条路。读书并不是为了眼前的一点收入，而是为了多一个选择的机会。那些当初埋头苦读的同学，正因为坚持了读书，才有了更多的选择和更广阔的未来。而自己，却因为早早放弃努力，被困在工作的牢笼中，品尝着生活的苦果，付出着更大的代价。

站在人生的起点上，也许你我一时还无法清楚地看到十年后的自己。但有一点可以确定，那就是每一个今天的选择，都将决定未来的模样。当你觉得读书无用时，不妨走出去看看：凌晨一点的工地，工人还在汗流浃背地工作；凌晨两点的菜市场，摊主们在讨价还价；凌晨三点的早餐店里，店员已经开始准备食材；凌晨四点的马路，环卫工人已经开始走上街头。他们为了生活拼尽了全力，你又凭什么不努力？

每一个坚持读书的日子，都是在为未来积累力量。你现在所走的每一步，都是在为未来的自己铺设更好的道路。读书很累，却是你破茧成蝶的路！

决定命运的成绩单

黄月亮

　　我本不是天赋异禀的人，在茫茫人海之中甚至有些平庸，可我的人生不是潦草诗集，这一次我想改写航线。当在迷雾散尽后，我看着远处的灯塔奔走在漫漫时光中，褪去青涩，我终成为故事里的主角。

　　正是暮春时节，世间万物都披上了一层属于春的温柔。教室外微风正在轻柔地吹拂着校园里的柳枝，柳枝轻柔地跳着舞，生怕一个不小心就会惊动教室里的莘莘学子。

　　然而此时的教室内却是一片哗然，同学们都弯着身子围在讲台边，所有人的头都在使劲往前钻，只为看一眼模拟考的成绩单。本就瘦小的苏小小也在这个拥挤的行列，她本是奋力往前挤的，可是一个不小心便被同学挤出来了。

　　"算了，要不就最后看吧！"苏小小看着那些因为考得好而兴奋不已的同学，又看看那些因为考得不好而闷闷不乐的同学。说实话，她打心里羡慕那些同学。因为她的成绩不好也不坏，有时候她甚至在想成绩不好就算了吧，这也能断了她考个好学校的念想，可偏偏她的成绩没有这么坏，给她留了念想。可这念想也不大，毕竟那个分数的选择权也不多。

　　如果不出意外，苏小小这次考试的成绩依然是那个样子，分数中等，她早已习惯了这样的结果。然而让苏小小没有想到的是，这次的成绩却出了意外，出意外的不是分数，而是名次。

原来的二十名到三十名中间没有了苏小小的名字，她退出了之前稳打稳扎的位置。起初苏小小还往前看，可当她认认真真一个一个名字看过去依然没有自己的时候，她有些受不了了，她心里甚至冒出一个念头："难道成绩单没有我的名字？"

成绩单当然不会遗忘任何人，苏小小的名字排到了后面。这突然下降的名次打破了苏小小原来给自己的定位。原来，按照苏小小的设想，以她的成绩，虽然考不上名校，但是上个普通的大学，找个普通的工作是没有问题的。她早闻这两年分数线一直在上升，可是未到高三，自己不曾亲身体会。

这次苏小小看着分数蹭蹭往上升的同学，心里不淡定了，她甚至开始想象到了高三，照着这个势头，岂不是没有她一席之地。

苏小小焦虑了，她带着焦虑的心情看着发下来的卷子，后面那几个题永远不会，错的总是这些东西。"要是能把这些错的做对就好了！"苏小小将错题的分数算了算，然后想着她如果做对了能考多少分。

这一算苏小小吓了一跳，她没有想到，就一门试卷后面的几个题，如果能做对，那就意味着她可以冲入中上游了。她心动了，掏出之前所有的试卷，将错题集中到一起，列到一个本子上，然后一遍又一遍地看解题思路，再尝试着自己去解。

第一次苏小小只能解出来一步，然后她就再看一遍，再去尝试，然后两步、三步……等苏小小彻底解出来的时候，她身边已经空无一人。她看了一下教室后面的钟表，已经快十一点了。

同学们是什么时候走的？她在心里反问自己，她奇怪自己居然没有听到动静，不过还挺开心的，那就一天一道吧。于是苏小小每天都成了教室里最晚走的那个同学，而这些时间她每天都能收获一种类型的题目解法。

　　不知不觉两个月就这样过去了，身上的衣服越穿越厚，路灯下苏小小的身影却从未消失过。时光没有辜负她，期末考苏小小拿到了她之前计算出的成绩，后面的大题做对了，成绩果然得到了提升，另外她还收获了一项之前没有算到的东西——老师在全班同学面前的表扬。

　　那是苏小小第一次被表扬，她不太习惯，只觉得班里的学生都在看她，她有些害羞，脸也有些烫，低着头不知道该说什么、该做什么。

　　那天苏小小仍旧是最后一个走的，不过这一次不是学习，而是在回味老师的表扬和同学们的目光与掌声。想着想着，她的嘴角就会露出微笑，甚至还会笑出声来："原来被表扬的感觉这么好啊！"

　　苏小小再次拿起她其他科目的试卷，又开始计算，她在算如果所有卷子上的错题她都能做对，那她的分数又会是多少……苏小小已经被快乐冲昏了头脑，完全忘记所有题都做对就是满分了。她认认真真地算了半天，得出满分的结论时，还被自己吓了一跳，她觉得太可怕了，满分，她想试试。

　　于是这个寒假，苏小小的时间被试题填满了，她无时无刻不在埋头苦学，在家里比在学校还要勤奋……也是从那个时候开始，苏小小的世界里没有假期，她的所有时间都被学习填满了。

　　当然即便如此，苏小小也没有拿到满分的试卷，但是她却获得了一次比一次更加热烈的掌声。此时她已经不会为掌声而暗自高兴老半天了，因为她的目标变了，不再是普通大学和普通工作，她要考入更好的大学，她想将来有更多的选择。

　　时间一天天过去，高考的号角终于吹响。成绩揭晓的日子，苏小小紧张地输入准考证号。当周围的欢呼声此起彼伏时，她简直不敢相信眼前的数字——分数不仅远远超出了她的预期，还顺利达到了她梦寐以求大学的录取分数线。

将来的你
一定会感
谢现在的
自己

当天，她在日记中写道："我本不是天赋异禀的人，在茫茫人海之中甚至有些平庸，可我的人生不是潦草诗集，这一次我想改写航线。当在迷雾散尽后，我看着远处的灯塔奔走在漫漫时光中，褪去青涩，我终成为故事里的主角。"

苏小小终于迎来了她高中生涯的第一个假期，那个清晨，她走在青石板铺就的小路上，耳畔回响着小鸟清脆悦耳的歌声，仿佛在为她唱着赞歌……

人生最大的遗憾不是失败，
而是我本可以

路平

　　过一个平凡无趣的人生实在太容易了，你可以不读书、不冒险、不运动、不写作、不外出、不折腾。但是，人生后悔的事情就是：我本可以。

——陈素封

　　曾经，有一家杂志对全国 60 岁以上的老人进行一次问卷调查，调查的题目是"你最后悔的是什么？"并列出了 10 项人们生活中容易后悔的事情，供被调查者进行选择。结果显示，排在第一名的是，92% 的人后悔年轻的时候努力不够，导致一事无成。

　　身边很多人都会有这样的感叹，说自己在最该读书的时候，没有认真读书，导致现在失去了很多机会。

　　就像张华，他也跟大多数青春期的小伙伴一样，有过困顿、迷茫，他也曾放弃过，但是当他放弃之后，才发现，原来自己都未曾真正努力过。

　　当他明白这个道理之后，他开始反思：努力，就是不想给自己的人生留下遗憾。

一

高二那年，成绩上不去的张华，在一次偶然的机会，认识了跟他一样不爱读书的陈生。陈生比他高一个年级，读高三。当时跟陈生一样读高三的人，都在为考大学拼搏着，但是陈生却觉得，读不读大学并没有那么重要。甚至，陈生还跟张华说："你看那么多成功的人，也没有读大学，他们照样拥有了很好的未来。"

张华受到了陈生的影响，不再把考大学作为自己当下的唯一目标。因为，他很珍惜陈生这个朋友，对于陈生的话，他就更加认可了。要知道，他在这个高中真的太缺朋友了。张华个子矮小，皮肤黝黑，说话带着浓重的口音，再加上他成绩不好，这让他变得愈发敏感和脆弱，不爱跟同学说话，同学也不爱跟他说话。

每天游荡在教室里，对于他来说是一种煎熬。是朋友陈生，让他有了一种久违的被需要、被理解的感觉。陈生叫他去玩游戏、去打球，他都不曾拒绝。

这样的日子，持续到陈生毕业。

二

陈生毕业后，张华又恢复了往日孤寂的生活，没人在下课后叫他出去玩耍了。虽然有时候，他也会去联系陈生，但是陈生一直给他的回复是在找工作。当然，张华也在陈生的回复中，得到一个信息，原来高中毕业真的不是那么好找工作。

再后来的几个月，有一天，张华打电话给陈生，陈生喝得醉醺醺地躺在网吧里，向张华说着自己毕业后种种受挫的遭遇。让张华印象最深刻的是，陈生跟他说："如果可以重来，高中我一定要好好读书，不要让自己的青春就这样浪费掉。"

陈生发出这样的感慨，是张华未曾想到的。以前两个人在一起玩的时候，是那样的潇洒快活。原先以为读书是最痛苦的事情，现在才发现，不读书，会有更多的痛苦等着。因为陈生的基础太差，回去补习是不可能了，他的父母也不会花冤枉钱，所以对于陈生的现状张华还是觉得有些可惜。

张华突然在那一刻明白了陈素封讲的那句话："过一个平凡无趣的人生实在太容易了，你可以不读书、不冒险、不运动、不写作、不外出、不折腾。但是，人生后悔的事情就是：我本可以。"

他知道，陈生明明可以拥有更好的未来，却放弃了。人生最大的遗憾并不是失败，而是放弃去努力。别人在熬夜读书的时候，他在打游戏；别人在为成绩没有进步而焦虑时，他在校外潇洒闲逛。所以，陈生的同学能够如愿考上心仪的大学，而他却不得不过早地去辛苦工作。

张华明白，陈生此刻的受挫，正预演了自己的未来。如果接下来的日子，自己继续这样放纵的话，他就会同陈生一样。想到这，张华心里憋着一股劲。

三

人只要想变好，就会慢慢地变好。眼下，身边没有熟悉的人叫张华出去玩，他就有了更多的时间读书。

其实张华的底子还是不错的，毕竟他初中的成绩还是很好的。那个时候的他，成绩稳定在班级前三名，是老师重点培养的对象，是同学学习的榜样。只是因为步入高中生活后，长时间的不适应，让自己的学习也变得力不从心。

那个时候的他，从未想着去改变这种现状。一来敏感的内心，让他羞于去向同学请教，毕竟以前都是别人向他请教问题的，他无法接受这种心理上的落差。同时，他也担心，自己去问别的同学，别人会拒绝他，甚至会嘲笑他连那么简单的问题都不会。所以,后面他干脆就放弃了,上课的时候能听懂多少是多少。

但是现在,看到陈生的现状,这些都不再是问题,比起看不到的未来,他更希望自己能够抓住点什么。

于是,他恢复了以往初中时的斗志,把精力放到学习上来。遇到不会做的题目,他就虚心向同学和老师请教,令他出乎意料的是,他曾以为别人会嘲笑他,其实并没有,大家的眼神中多了一丝赞许和认可。

经过了半年多的努力,张华的成绩从班级的中下游,提升到班级前十名,同时,他也收获了同学的鼓励和尊重。他的高中生活,变得不再那么沉闷。再后来,他凭借着自己的努力,考上了心仪的大学。

多年后的某一天,如大家看到的那样,张华作为优秀企业代表,出席了学校校庆活动,并在台上发表了精彩的演讲。他的眼神中散发出自信而热烈的光芒,一如当年那个勇敢追梦的少年啊!

而张华与陈生,早已断了联系。据说,陈生因为学历低,又害怕吃苦,经常换工作,后来连手机号码也换了。或许是因为两个人差距越来越大,陈生也不想去打扰张华。

也许人生都会有遗憾,但是努力,可以将自己的遗憾降到最低。就像《钢铁是怎样炼成的》里讲的那样:“一个人的一生应该是这样度过的:当他回首往事的时候,他不会因为虚度年华而悔恨,也不会因为碌碌无为而羞愧。”

努力吧,少年,不要在本该奋斗的年纪选择安逸,要勇敢追梦,让自己的人生不留遗憾。

一个"差生"的救赎

程昌雄

越是穷途末路，越是势如破竹，从梦中醒来，从失败中爬起，我知道我不会输。

夜深似海，喧嚣如涛，万家灯火如倒映在夜的星辰，时而隐没，时而闪亮。我立于窗台，尽量将脸扭向无边夜色，不想让泪水在父母眼前落下。身后的客厅静得可怕，偶尔响起母亲轻微的抽泣声，以及父亲的叹息声。在很长一段时间，我的家庭都充斥着这种气氛。

十年前，父母带着年幼的我离开故乡，来到这座繁华的城市打拼。父母没有文化，漂泊异乡尤为艰难，所以我格外懂事，生活上没有让他们操心。可我的成绩却一直吊车尾，长久的挫败感，让我开始沉迷小说、游戏，甚至为此逃课。

学校第一次请家长的时候，父母眼中满是不可置信，直至班主任历数我过往的劣迹，他们才沉默地接受了。看见他们眼中的失望，我内心有担忧，有愧疚。

回到家中，母亲不断诉说抚养我的艰难，指责我的堕落。面对接二连三的质问，我心中的烦闷压倒了愧疚，不禁大声喊道："行了，别说了。"

"啪！"一旁的父亲再也压不住心中的怒火，冲过来给了我一记耳光。屋内顿时安静下来，我摸着脸颊，眼中噙着委屈的泪水。我不明白为何自己做了十几年"好孩子"，只是一次被请家长，就要受到父母如此对待。沉默了几分钟，我摔门而出，干脆去网吧过了一夜。

父亲一巴掌并未打醒我，反倒令我的叛逆变本加厉。我开始抽烟、打架、染发，与街头混混并无二致。父母由最初的愤怒，变得冷漠无言。

"或许他们从来没有爱过我，他们只在乎能不能挣到钱。"每当看到父母冷漠的眼神，我脑海都会浮起这种想法。于是我不愿回到那个家，每天放学都在网吧玩到晚上九点才坐公交车回家，有段时间我干脆住在了同学家。

同学成绩也不好，可他的父母很爱他，会和他拥抱，叫他"宝贝儿子"，带他去散步兜风。同学晚上会给他的父亲修指甲，会给他的母亲梳头发，他们望向彼此的眼神充满爱意，让我十分羡慕。当我表达内心的羡慕时，同学的母亲笑着说："天下的父母哪有不爱孩子的，只是表现爱的方式不同罢了。"我听完自嘲地笑了笑。

高一下学期的期末考试，我想监考的是外班老师，不去班主任也发现不了，索性直接去了网吧。因为玩游戏太入迷了，结束时已经是晚上九点多，外面倾盆大雨。我匆匆上了公交，想着怎么解释晚归，以及即将出现的零分试卷。快到站的时候，我透过车窗外的雨幕，看到了一个熟悉的身影，她单薄纤瘦，撑着一把黑色雨伞，站在站台的不远处，好像在寻找着什么。当我从后门下车后，却看不到那道身影了。

那好像是母亲，可真的是她吗，她来这里找什么呢？我带着疑问回到家中，发现父母看我的眼神依旧冷淡，只是简单询问我为何这么晚来。一切都和往常一样，我确认是我看错了，于是编了一个借口应付过去，便回到房间玩手机。

数日之后，学校附近的网吧受到整顿，我放学了没地方去，便按正常时间回家。快到店门口的时候，我看到母亲不停地向马路张望着，当看到和我同校的学生时，她会上前拦住他们，似乎在询问着什么。我忽然停住了回家的脚步，躲在了对面的奶茶店里。

随着天渐渐变黑，母亲开始坐立不安，她简单锁了下门，便匆匆走向车站，我也跟了过去。母亲带着伞，站在以前房东的门口。每当驶过来一辆公交车，她的眼神中都透露着期盼，可当公交驶离之后，她又露出担忧的神情。

三个小时，母亲在那等了三个小时，她换了许多姿势，或蹲在地上，或半靠在石墩上。她很疲倦，可始终没有离开，直至晚上十点的末班车驶离，她眼中出现了慌乱。母亲从口袋摸出手机，不停地拨打着电话。

以前的房东走了出来，说道："你家孩子又没回来？看你天天在这里等他，他那么大的人了，不会走丢的，何况现在交通这么发达。"

母亲天天在这里等吗？她从来不问我的去处，她任凭我编造任何晚归的理由，她从未打电话问过我在哪里，她真的会关心我吗？心烦意乱时，同学发来了短信："你妈妈问你在不在我家，我要怎么回他？"我想了想，回道："你说我刚刚打车回去了。"

我注意到母亲看了下手机，神情忽然放松下来，开始和前房东闲聊起来。

母亲问："之前托您问的那个择校的事情，您问得怎么样了？"

房东回答道："这件事没什么问题，就是择校费和报名费有点贵，你们店里今年一年算是白干了。"

母亲摇了摇头："挣钱不就是为了孩子吗，只要他换个环境能学好，花多少钱都值得。"

房东苦笑道："你们光挣钱也没用，不能只想着给他买房子结婚就成了，这不是以前了，教育是最重要的，孩子现在正是叛逆期。"

母亲苦笑道："道理我们也知道，只是不知道怎么教，孩子抵触心很大。我们越说，他就越不学好，我们现在不敢说了。"

听到此处，我心中一阵酸楚，久违的愧疚感油然而生。我慢慢地走了过去，喊了声妈。母亲惊喜地抬头，随即又极力掩藏惊喜，甚至有些不好意思，被我撞破了她的关心，仿佛很是难堪，她和前房东打了个招呼，头也不回地向家里走去。

看见母亲"冷漠"的眼神，我不再感觉冰冷，心中反而被一股温暖环绕着。我紧跟在后面，心中仿佛失去了很多，又好像从没失去，父母一直都在等我的。

高二我换了一所更好的学校，成绩依然不算很好。可是我心中每想到母亲在寒夜中默默等候的身影时，就有一股力量充斥全身。我不知道自己在两年时间内能否赶超同学，但我至少在赶超的路上，如果目标是追赶明月，即便不能抵达，亦可摘星而归。

转校前的那个暑假，我用两个月的时间，跟着师范在读的表哥学完了初中大部分知识点，确保能够衔接得上高中的知识。开学之后，我发现追赶远比我想象的要累，可相比以前打完游戏内心泛起的空虚感，学习让人无比充实。

凌晨的窗台，月光轻柔。我转了转僵硬的脖颈，又发现桌边放着一碗肉丝鸡蛋面，上面盖着一个保温盖。回头望去，父母房间的灯还没熄灭，直至我关灯走入自己的房间，才听到细微的关灯声，清晨起床时，父母房间的灯早已亮起。父母还是不会说爱我，不会和我拥抱，更不会叫我"宝贝儿子"。

高三学习节奏更快，我追赶的脚步更加吃力，可越是穷途末路，越是势如破竹，从梦中醒来，从失败中爬起，我知道我不会输。因为当我再次打开书，拿起笔的那刻，我已是胜利者。

凌晨六点，起床，我深深看了眼父母房间的灯光，身体的疲惫和内心的自我怀疑一扫而空。"爸，妈，我去学校了。"我轻声说道。